中等职业教育艺术设计与
制作专业系列教材

包装造型与
创意设计

何 伟 朱永亮◎主 编
郝丽霞 王 丹 蒋 英◎副主编

BAOZHUANG ZAOXING YU
CHUANGYI SHEJI

北京师范大学出版集团
BEIJING NORMAL UNIVERSITY PUBLISHING GROUP
北京师范大学出版社

图书在版编目(CIP)数据

包装造型与创意设计 / 何伟，朱永亮主编. —北京：北京师范大学出版社，2024.12
ISBN 978-7-303-29924-9

Ⅰ. ①包…　Ⅱ. ①何…　②朱…　Ⅲ. ①包装设计－研究　Ⅳ. ①TB482

中国国家版本馆 CIP 数据核字(2024)第 106801 号

图书意见反馈：zhijiao@bnupg.com
营销中心电话：010-58802755　58800035
编辑部电话：010-58807035

出版发行：北京师范大学出版社　www.bnupg.com
　　　　　北京市西城区新街口外大街 12-3 号
　　　　　邮政编码：100088
印　　刷：三河市兴达印务有限公司
经　　销：全国新华书店
开　　本：889 mm×1194 mm　1/16
印　　张：9.75
字　　数：180 千字
版　　次：2024 年 12 月第 1 版
印　　次：2024 年 12 月第 1 次印刷
定　　价：38.00 元

策划编辑：焦　静　鲁晓双　　责任编辑：焦　静
美术编辑：焦　丽　　　　　　装帧设计：焦　丽
责任校对：张亚丽　　　　　　责任印制：赵　龙

前 言

习近平总书记指出，中华优秀传统文化是中华文明的智慧结晶和精华所在，是中华民族的根和魂，是我们在世界文化激荡中站稳脚跟的根基。基于"文化＋产业"的大时代背景，为适应"十四五"国家经济社会发展和 2035 年远景目标对职业教育发展的要求，我们要增强历史自觉，坚定文化自信，坚持守正创新。因此，本教材在编写中力求体现专业设置与产业需求、课程内容与职业标准、教学过程与生产过程的对接，吸收行业发展的新方法、新技术、新工艺、新标准，采用"岗课赛证"融通的高技能人才培养模式，根据课程特征和岗位技能要求，由校企合作共同开发。

本教材以立德树人为根本任务，围绕"艺术设计与制作"专业的培养目标定位和主要专业能力要求，构建以学习者为中心的教育生态，基于职业工作过程，注重课程体系模块化内容设计并实施项目式任务教学，对接"1＋X"证书要求，融入课程思政，全面提升学生职业核心素养的培育。教材内容由"包装设计基础知识""包装视觉传达语言""包装造型结构工艺""包装创意设计综合实训""包装设计中的非遗元素"五个模块组成，设计了"学习指南""任务引领""精讲视频""知识储备""拓展知识""思政课堂""探究练习"等栏目，让学生在"做中学""学中思""思中悟"，为实习和就业打下良好的基础。

本教材以文化为本位，以生活为基础，以现代为导向，综合阐述了包装造型与创意设计的相关内容。它不仅涉及在包装设计中对材料的选择、容器的结构、造型设计与创意实施的方法，以及图形、色彩、文字、编排等视觉语言的传达，还涉及制作工艺、消费心理、市场营销、人体工学、技术美学等多方面知识的运用，使学生设计出符合市场规律和满足消费者需求的产品。本教材对应课程为国家级在线精品课程"包装设计"，可以在"学银在线""智慧树"网站上查阅到课程内容，该课程数字资源丰富，是优秀的"行动导向""工学结合"的课程。本教材具有以下四个方面的特色：

1. 立足岗位需求，构建教材内容，体现三教改革

教材内容本着"以服务为宗旨、就业升学双导向"的指导方针，以满足岗位需求为原则，对接"1＋X"职业技能等级标准，融通"岗课赛证"，构建教材内容，根据学生认知规律，以"模块—项目—任务—正文"规划学习内容，重视理实一体

化，使教学与项目紧密结合，在教材结构和层次上循序渐进、梯度明晰、编排适当。

2. 厚植传统文化，落实课程思政，凸显知行合一

基于文化育人的重要性，本教材以中华优秀传统文化为核心，体现文化自信，结合传统文化的继承与创新，开展创造性转化、创新性发展两条教学主线，面向真实的项目情境和岗位职责，从学生的知识层面、道德水平、人文素养、劳动意识入手，通过项目实践使学生在思考、实操和创造活动中获得成长和发展。

3. 创新教材形式，配备网络资源，体现学做一体

本教材依托国家级在线精品课程"包装设计"，配备丰富的数字资源。将包装设计岗位技能与课程学习知识相结合，注重产学融合，围绕学习目标，细化学习任务，通过线上、线下混合式教学为学生打造了充分的学习空间，让每个学生愉快地接受新知，形成教学做一体化，达到良好的课堂教学效果。

4. 走访企业，深化校企合作，践行协同校企育人

在教材的编写过程中，编者主动走入企业，和一线的包装设计工程师一起分析包装设计的工作流程，一起策划项目任务，共同制订技术标准等。在教材中着重体现地域包装项目，既紧贴生产实际，又综合考虑了教学实际，有很强的实用性和适用性，以此为基础研制实训项目与开发标准，深化校企合作，实现校企协同育人。

本教材的编写全面深化产教融合、校企合作，坚持工学结合、知行合一，侧重对学生职业能力的培养。本教材由平遥现代工程技术学校何伟、朱永亮担任主编，全书编写分工如下：模块一由何伟、郝丽霞编写，模块二由王丹、蒋英编写，模块三由何伟、朱永亮编写，模块四由郝丽霞、王丹编写，模块五由何伟、蒋英编写。何伟负责统稿、审校等工作，朱永亮负责数字资源的统筹与整理工作。平遥县昌鸿瑞数码快印中心有限公司设计总监闫洲富参与本教材版式设计，编写组在此表示感谢。

在本教材编写过程中，编写组参阅了相关著作和部分网页资料，教材中不可避免地使用了一些优秀案例图片，仅作展示，不作推荐，如有疑问，请联系编辑部邮箱(jiaojing@bnupg.com)。

本教材服务于学校和社会，是学校和企业多年共同努力、多年积累和实践的成果，难免有不足之处，敬请读者指正！

目　录

CONTENTS

模块一

包装设计基础知识

知识目标

- 了解包装设计的历史发展。
- 熟悉包装的基本分类与功能要求。
- 掌握包装设计的基本步骤和创意表现方法。

能力目标

- 熟悉包装的设计原则并能将其应用于实践。
- 能利用包装的功能进行包装造型的分析与理解。
- 能利用设计步骤进行包装创意表现。

素养目标

- 提升对包装设计的热爱。
- 提升善于发现问题、解决问题的能力。
- 提升对于现代包装设计发展变化的关注度。

项目一　走进包装的世界

项目描述

　　包装是品牌理念、产品特性、消费心理的综合反映，它影响到消费者的购买，是建立产品亲和力的有效手段。经济全球化的今天，包装与产品融为一体，包装作为实现产品价值和使用价值的手段，在生产、流通、销售和消费领域中发挥着极其重要的作用。包装的功能是保护产品、传达产品信息、方便使用、方便运输、促进销售、提高产品附加值。包装作为一门综合性课程，具有产品和艺术的双重特征。

　　包装设计是围绕产品特性与需求，综合运用包装材料选择、造型设计、结构规划及视觉信息传达等要素，进行的一项系统性、合理性的专业设计活动。包装设计是通过精心设计的文字、图形、色彩及编排布局，旨在保护产品、提升美感、强化宣传效果，并最终促进产品销售的综合性创新过程。

　　成功的包装设计不仅要运用造型、字体、色彩、图案、材质等元素，使消费者注意商品并产生兴趣，同时还要通过这些设计元素和表现形式正确地传达产品的信息，使消费者能快速准确理解产品。良好的包装所带来的视觉效果能使消费者对商品产生愉悦感、消费欲。因此，只有新颖、独特、视觉冲击力很强的产品包装才能引起消费者的关注，使消费者快速地接收到产品信息。

任务一　包装的含义与历史

学习指南

1. 了解包装发展的历史阶段，收集有关不同阶段的包装设计的相关资料。

2. 理解包装功能的重要性，正确分析包装设计的功能。

3. 熟悉包装设计的发展历程，理解包装与包装设计，熟悉包装设计原则。

任务引领

1. 什么是包装与包装设计？

2. 你了解包装设计的发展历程吗？

3. 包装设计的原则有哪些？

精讲视频

在线精品课堂——包装的含义与历史

知识储备

一、包装与包装设计

在漫长的历史过程中，包装的发展主要经历了非商品包装和商品包装两个阶段，即从单纯的用于包裹、盛装物品的初级状态，发展成为具有商品附加值，并综合了物质和精神概念的高级阶段。

在日常生活中，我们会接触到各种商品，观察商品的包装是认知商品的开始。那么，什么是包装呢？包装是为了在流通过程中保护产品，方便储运，促进销售，按一定的技术方法而采用的容器、材料及辅助物等的总体名称；也指为了达到上述目的而采用容器、材料和辅助物的过程中施加一定技术方法等的操作活动。包装是包装物及包装操作的总称。

包装设计是围绕特定需求，精心挑选包装材料，设计包装容器的外观形态、内部结构及呈现视觉元素的过程。其核心目的在于保护产品完整性、提升产品美感、有效传达产品信息，并促进销售。在当今市场环境中，优秀的包装设计需紧密融合现代设计理念，同时巧妙结合技术与艺术，实现功能性与美观性的和谐统一。

二、包装设计发展历程

随着生产力的提高、科学技术的进步和文化艺术的发展，包装经历了漫长的演变过程。下面归纳了包装设计的五个不同的发展阶段：原始包装、古代包装、近代包装、现代包装、后现代包装。

1. 原始包装

图 1-1-1　原始包装

这一时期的包装所采用的材料主要是果壳、树叶或皮毛等天然材料。如图 1-1-1 中，运用竹、叶包装物品，给人一种自然且朴实的感觉。这一阶段的包装还称不上真正意义上的包装，但已经是包装的萌芽期了。

2. 古代包装

图 1-1-2　古代包装

进入到古代，人们开始以手工制作模仿自然物的形状，用植物的枝条编成篮、筐、席等包装器物。随着铜器和陶器的发展，它们也充当了包装的作用。例如，中国传统酒包装(见图 1-1-2)，运用各色的酒坛搭配大红的标贴，形成了一种特色。这一时期的包装，已采用了透明、透气、防潮等技术。

3. 近代包装

图 1-1-3　近代包装

随着工业技术的发展，包装进入了一个新的发展阶段。包装材料出现了人造材料，如塑料、玻璃、钢铁等；包装也更注重视觉美感，丰富了设计的表现力。如图 1-1-3。

4. 现代包装

现代包装中，包装材料和容器得到了进一步的发展。品牌以及企业识别系统的出现，使包装设计不再是孤立的，而是企业宣传促销计划中重要的组成部分。现代包装(见图 1-1-4)注重绿色环保，具体来说，绿色包装设计应该具备轻量、可重复利用等要求。这个时期也出现了包装的系列化设计，即在设计中既要保证视觉形象的统一性，同时又要具有一定的变化空间。

5. 后现代包装

图 1-1-4　现代包装

后现代包装设计形式多样(见图 1-1-5)，从原始淳朴的民俗民族包装到先锋前卫的现代创意包装，从风格简朴的传统包装到风格华丽的独特包装。包装有大小、长短、宽窄等不同结构造型特征，材质运用也比较丰富。这一时期，包装出现了具有地域特色与人性化的设计。地域特色表现民族文化的个性。人性化设计是以人为主体，围绕着人们的思想、情绪、个性以及对功能的需求，对包装进行重新审视、重新构造、重新定义，使其更符合人的需求。对于消费者来说，人性化包装给人以更为"友好""亲切"的感受。

三、包装设计原则

1. 实用性原则

包装的基本功能是保护、放置和展现产品。包装不仅要防止商品物理性的损坏，如防冲击、防震动、耐压等，还要防止各种化学性及其他方式的损坏，如啤酒瓶的深色可以使啤酒避免受到光线的照射，各种复合膜的包装可以防潮、防光线辐射等。

图 1-1-5　后现代包装

2. 商业性原则

商业性原则指包装要具备商业价值，主要体现在销量中。企业通过包装设计增加消费者对产品的关注，吸引消费者购买产品。

3. 原创性原则

包装设计的原创性主要体现在理念与造型两方面。优秀的原创包装能够表达产品的设计理念，给消费者留下深刻的印象，而独特的造型可以吸引消费者的注意。

4. 便利性原则

包装设计的便利性原则主要体现在产品包装的外形上，在搬运或携带产品时提供一定的舒适感、轻便感。

图 1-1-6　文创包装设计案例

5. 艺术性原则

包装的艺术性，主要指包装在外观形态、主观造型、结构组合、材料质地、应用色彩配比、工艺形态等方面表现出来的艺术特征，能给消费者美的感受(如图 1-1-6)。

> **拓展知识**
>
> 中国包装行业已有 20 多年的时间，基本上改变了"一流产品，二流包装，三流价格"的局面。包装行业已从一个分散落后的行业，发展成拥有现代技术装备、分类比较齐全的完整工业体系。当今包装工业发展的显著特点是包装市场的国际化、包装业发展的全球化，各国包装业发展的相互关联及依存程度也越来越高。

任务二　包装的分类与功能

学习指南

1. 认识包装的基本分类，掌握包装设计的功能要求。
2. 理解包装设计的功能。
3. 提升对包装设计的热爱，提升善于发现问题、解决问题的能力。

任务引领

1. 包装的种类有哪些？
2. 包装设计的功能有哪些？

精讲视频

在线精品课堂——包装的分类与功能

知识储备

一、包装的分类

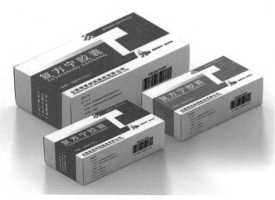

图 1-1-7　医药类包装

商品种类繁多、形态多样，其功能、作用、外观、内容也各有千秋。内容决定形式，包装也不例外。我们对包装进行分类。

1. 根据产品内容分类

日用品类、食品类、烟酒类、化装品类、医药类（见图 1-1-7）、文体类、工艺品类、化学品类、五金家电类、纺织品类、儿童玩具类、土特产类等。

2. 根据包装材料分类

不同的商品包装，使用的材料也不相同。如纸包装、金属包装（见图 1-1-8）、玻璃包装、木包装、陶瓷包装、塑料包装、棉麻包装、布包装等。

3. 根据产品性质分类

（1）销售包装

销售包装又称商业包装（见图 1-1-9），可分为内销包装、外销包装、礼品包装、经济包装等。销售包装是直接面向消费的，因此，在设计时，要有一个准确的定位，符合商品的诉求对象，力求简洁大方，方便实用，又能体现商品性。

图 1-1-8　金属类包装

（2）储运包装

储运包装是以商品的储存或运输为主的包装（见图 1-1-10）。它主要在厂家与分销商、卖场之间流通，便于产品的搬运与计数。在设计时，美观性并不是重点，只要注明产品的数量、发货与到货日期、时间与地点等即可。

图 1-1-9　销售包装

4. 根据包装的形状分类

（1）个体包装

个体包装也称内包装或小包装（见图 1-1-11）。它是与产品直接接触的包装。它是产品走向市场的第一道保护层。个体包装一般都陈列在商场或超市的货架上，与产品一起卖给消费者。因此，我们设计时，要体现该产品的特色，以吸引消费者。

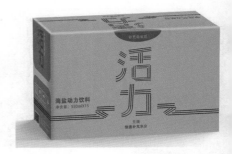

图 1-1-10　储运包装

（2）中包装

中包装主要是为了增强对商品的保护、便于计数，而对商品进行组装或套装（见图 1-1-12）。比如，一箱啤酒是 6 瓶，一捆啤酒是 10 瓶，一箱牛奶是 16 盒等。

（3）大包装

大包装也称外包装、运输包装（见图 1-1-13）。它的主要作用是增加商品在运输中的安全性，且便于装卸与计数。大包装的设计，相对个体包装也较简单。一般在设计时，主要标明产品的型号、规格、尺寸、颜色、数量、出厂日期，再加上一些视觉符号，诸如小心轻放、防潮、防火、堆压极限、有毒等。

图 1-1-11　个体包装

图 1-1-12　中包装

5. 根据包装技术分类

根据包装技术可分为：透气包装、真空包装、充气包装、灭菌包装、冷冻包装、缓冲包装、压缩包装等（见图 1-1-14）。

图 1-1-13　大包装

图 1-1-14　技术类包装

图 1-1-15　运输包装

6. 根据运输工具分类

根据运输工具分类，可以分为：卡车装载包装、火车装载包装、船舶装载包装、航空装载包装等。从装卸的角度看，还有集合包装、托盘（见图 1-1-15）。

二、包装设计的功能

包装设计中实用性永远是核心，无论设计怎样的造型艺术都应遵循它简单明了的基本准则，遵循人机工程学的结构设计，使之成为对需求者而言方便快捷的包装设计。有的设计师有时会一味追求创新的材料和独特的造型艺术，忘记包装的本质。

包装设计的功能便是保护商品、便于操作、促进商品的销售、美化商品。根据商品的物理形态和属性对包装设计进行定位，选择适合的图形、色彩、文字进行设计，根据人体工程学的原则采用合理的材质和形状。

1. 无声的卫士——保护产品

任何商品从生产到销售再到消费者的手中都需要经过很多次的流转，而包装设计在此便起到了保护产品的作用。包装采用合理的容器，从物理角度和化学防护两方面保护产品。包装既可以防止商品遭到震动、挤压、磕碰磨损等物理性的损坏，例如，包装中的内衬和隔板的设计，也可以防范各种化学反应及其他意外。

2. 无声的助手——便于操作

包装在运输、搬运、销售和使用过程中体现出便于操作的作用。例如，在食品包装上添加的锯齿设计。好的包装应该以人为本，考虑是否便于人们的运输，或有效地利用空间。因此，设计上要考虑到是否可以合理排列，方便拆分、组装等。

3. 无声的推销员——促进销售

商品过多时，人们面对同类商品的时候可能就一眼略过，包装设计在醒目的情况下才能吸引人。过去人们购买商品主要依靠售货员的推销和介绍，而现在超市自选成为人们购买商品的普遍途径。因此，包装可以通过形状、颜色、材料、重量和别具一格的包装设计来影响消费者。促销包装，外观样式独特新颖，注重促销功能，是以激发购买欲为目的的包装。可见包装是产品最直接的"促销员"，优秀的包装不仅能使用户熟悉产品，还能增强消费者对产品品牌的识别度与好感。许多促销活动都可以通过包装来实现。包装是提高商品竞争能力的重要手段。

4. 无声的美容师——美观

人们选购某种商品时，人直观地看到商品的包装。包装的形象反映了企业的性质及经营理念，所以企业不断在精进设计，尽可能地美化商品包装。各种类型的包装分别迎合不同消费者的审美情趣，使得他们的感官认知和心理需求都得到满足，从而更容易被消费者所接受。在进行包装设计时，设计师要善于运用色彩、图像等视觉元素，通过元素的组合、加工创新，塑造包装的形象，从而充分体现包装的美感。视觉效果的传达是包装中的精华，是包装最具商业性的特质。包装不仅通过设计使消费者熟悉商品，还通过造型给人以美感，体现浓郁的文化特色，而且能增强消费者对商品品牌的记忆与好感，积累对该企业信任度。

图 1-1-16　文创包装设计案例

------ 拓展知识 ●------

当今社会，包装与我们的生活紧密相连，消费者随着生活水平的提高，对包装的要求也越来越高。市场中流行的包装设计，不仅要满足基本的功能，还要带来感官和心理上的愉悦。良好的包装设计应该具有灵性；好的包装来自生活，它可能是某种生活细节的追溯。好的包装设计就像为产品穿上了一身得体的衣服，给人带来美的享受。

●●●

项目二 了解包装设计程序与表现

项目描述

　　随着时代的发展、社会的进步，人们对包装设计越来越重视。自然而然，包装的要求也在不断提高，设计方法、设计技巧都有了创新，包装设计也越来越流程化。如今的包装设计，已不止于功能性，而在设计的创意思维和表现手法上更为多元化。

　　创意是设计的灵魂，是包装设计成功的法宝。面对竞争激烈的市场和挑剔的消费者，商品包装要具有创意才能有销售力、吸引力，进而征服市场并赢得消费者的青睐。有创意的包装不但能确保商品的存储与运输，而且是商品的漂亮外衣，更是实现商品价值及使用价值的一种方式。

　　创意包装，是包装的创意设计，解释着产品本质。设计师要想设计出优秀的创意包装，就要掌握包装设计的创意表现方法。包装设计中的创意表现就是要在了解商品市场竞争和消费期望的基础上，发挥创造力和直觉想象力，设计有创造性的图形符号，实现创意表现。

　　出色的包装设计有助于创造成功的品牌，设计师要创造出一件成功的包装设计作品，就要充分了解消费者并熟识市场，具有全面综合的认识和战略眼光才能使包装成为品牌宣传的有效渠道。

任务一 包装设计的基本步骤

学习指南

1. 熟悉包装设计的过程及重要性。
2. 掌握包装设计的基本步骤。
3. 提升对创意产品包装的分析能力。

任务引领

1. 包装设计的基本流程有哪些？
2. 如何利用包装推销产品宣传企业形象？

精讲视频

在线精品课堂——包装设计的基本步骤

知识储备

我们从包装设计开始，就要进行市场调研、创意策划、设计表现、分析评估、实施应用等一系列活动。

在生活中，人们常常会接触到各种各样的产品包装（见图1-2-1），而观察产品的包装是了解产品的开始。由此可见，产品包装设计在商品销售中有着重要的影响。

一、市场调研

收集资料属于市场调研阶段。这一阶段中，我们要对相应产品的市场做充分的调查研究：了解产品的特性及生产厂家的形象（包括规模、发展、历史、企业实力、市场现状、消费开发预算与售价等），征询并了解委托客户对包装设计风格与特质的要求与期望；调查同类企业与同类产品的包装现状；了解不同品牌同类产品的包装优劣势；收集参考资料。

图 1-2-1 产品包装

二、创意策划

设计人员根据产品开发战略及市场情况，制定新产品开发策略，寻找已有产品的升级动机与市场切入点，确定消费目标群体；根据销售对象的年龄、职业、性别等因素来综合考虑新产品的特点、销售方式与包装形象设计；结合产品定位和竞争对手的情况，确定产品的特性、卖点、成本及售价等。

独特的包装极易加深消费者对产品的印象，当然，任何独特的包装都离不开创意。在包装设计的过程中，第一，设计者要学会针对不同的设计对象选择不同的创意策略。如果设计的对象是新品牌，那么要思考好品牌定位，品牌传递的价值；如果是老品牌的新产品，则要思考好产品定位，是否有别于原有产品的包装设计，是做产品升级、产品补充还是产品创新。第二，找好目标消费群。毋庸置疑，设计包装一定要思考什么是核心消费群，以及核心消费群的价值观和审美情趣问题。第三，研究竞品包装，寻找区别。寻找同类产品的其他品牌包装来参考，或者可以以同一个消费者选择的其他产品包装作参考。

三、设计表现

商品包装设计由原来实用性、功能性向以视觉要素整合为中心的个性化、趣味化发展，以满足现代消费者的心理和实际需求，在视觉传达的领域要想使得商品包装极具个性，创意能很好地落实，打动消费者，离不开包装设计的表现。

(1)主体图形与非主体图形如何设计，用照片还是绘画，具象还是抽象，写实还是写意，归纳还是夸张，是否采用一定的工艺形式，面积大小的设计。

(2)色彩的整体基调处理，色彩与包装主题的呼应。

(3)品牌名称字体如何设计，字体所占的面积大小。

(4)商标主体、文字与主体图形的位置编排如何处理；形、色、字各部分相互构成关系如何，以一种什么样的版式来展现。

(5)是否添加辅助性的装饰处理，在使用金、银和肌理、质地方面如何考虑等。

设计过程中，我们在保证设计主题、内容与题材相统一的前提下，可以尝试在包装设计中增加浓厚的生活情趣，拉近产品与消费者之间的距离，运用大胆、夸张、巧妙的构图设计方式，增加产品的艺术成分。

四、分析评估

设计效果图往往不是最准确的包装设计样稿，完成后才是实际的样子，然后包装出成品进行比较和审视，甚至可以组织一次目标消费者包装测试座谈会，收集消费者对包装设计方案的意见和想法。

分析评估可采用下列三种方法。

(1)按标准评分的方法。标准可定为突出、识别、情感共鸣、实用可靠四条标准。对同一产品的不同设计方案进行打分，最后确定优秀方案。

(2)采用视觉因素调研方法。近观，从细节上看看包装品牌名是否明显，关键要素是否传递清楚，色彩是否简洁明快或者饱满度高，包装材料的品质和档次如何。远观，把数个包装设计方案混杂陈列在货架上，看包装的颜色搭配抢眼度、包装的特点是否明显、包装与竞品的区别是否明显、目测哪一种包装最有吸引力。

（3）采用品牌名联想试验。把每种预想的品牌名告诉被访者，让他们提出看法与联想。若被访者的联想与设计意图大致相近，则证明该设想是有成功基础的。可以将品牌名预先告诉被访者，了解他们是否记得住，能被记住的品牌名可优先考虑。

五、实施应用

实施应用阶段由包装设计者针对市场分析评估的结果进行设计方案的优化，并结合预想印刷后的效果，对具体的文字、图形、色彩等各要素进行全面准确的设计，最终完成设计方案定稿中的插图与摄影照片（见图 1-2-2），并将设计稿制版印刷来完成设计的整个过程。

图 1-2-2　文创包装设计案例

★ 思政课堂

做设计，不忘初心，永葆匠心，方得始终。时代需要一种"匠人精神"，以一种做人做事敬天畏人的态度，对抗日渐炽热的浮躁之风。设计不仅仅是迸发的灵感，更重要的是从业者的态度，秉承匠心精神，对产品的精雕细琢、精益求精，对自己做的事情，有着高度的坚守。

　　●●●

拓展知识

包装设计不只是在商品的特性上开展设计创作，而是根据与客户的沟通和对产品的充分理解，分析市场的需求和消费者偏好再开展包装设计。包装设计要反映出产品的特色和企业的文化底蕴。不同的产品有不同的消费人群，独具特点的包装要能吸引该类消费群体。

　　●●●

任务二　包装设计的创意表现

学习指南

1. 收集特色包装，分析包装的设计创意，理解包装设计中表现的重点内容，以及包装中所运用的设计手法。

2. 利用包装产品的设计手法，提高包装设计的应用能力。

3. 掌握不同包装产品设计的创意表现和视觉表达方法。

任务引领

1. 包装的创意策划应该从哪些方面入手？

2. 包装设计的表现包括哪些内容？

精讲视频

在线精品课堂——包装设计的创意表现

知识储备

走进商场随处都可见精美的包装设计，那些创意包装（见图 1-2-3）更容易吸引人。产品的包装设计是重要的营销手段，要吸引人们的注意力，产品的销量才会提升。创意与表现就是考虑表现什么和如何表现的问题，要解决这两个问题，就要从表现重点和表现手法两方面来进行创意思维。

一、包装设计的表现重点

包装设计表现的重点是指表现内容的集中点与视觉语言的冲击点。包装设计的画面是有限的，归因于其设计对象在空间上的局限性；同时，产品要在很短的时间内为消费者所认可，这又是时间的局限。由于时间与空间的局限，我们不可能在包装上做到面面俱到，如果方方面面都尽力去表现，不仅重点不突出，还会使创意失去价值。在设计时只有把握住要表现的重点，在有限的时间与空间里去打动消费者，才能设计出成功的包装。

图 1-2-3　创意包装

1. 重点展示品牌

大型公司和知名度很高的企业在进行包装设计时，其表现的重点往往是品牌。品牌已有的关注度会给企业带来很多益处，因此，在构思时重点表现该企业的商标和品牌才是该类产品包装设计的重点(见图1-2-4)。

2. 重点表现产品

针对有某种特殊功能的产品或者新产品的包装(见图 1-2-5)，则应该将包装设计创意和表现的重点放在产品本身上，展示产品的特殊之处，如新的外观和功能、特殊的使用方法等。

3. 重点表现消费群体

产品最终是要给消费者使用的，特别是那些消费对象明确的产品，其包装应以消费者为表现的重点。在进行产品包装设计时，只有重点突出了，才能让消费者在最短的时间内了解产品，产生购买欲望。

总之，不论如何表现，包装设计的创意思维都要抓住重点，都要表达出明确的内容和信息。

二、包装设计的表现手法

包装设计首先在创意上抓住重点，接下来应想方设法去表现产品。

1. 直接表现法

直接表现法是指表现的重点是内容本身(见图1-2-6、图1-2-7)，包括外观形态、用途、用法等。下面介绍几种最常用的直接表现法：

(1)摄影的表现手法。直接将彩色或黑白的摄影图片使用到包装设计中。

(2)绘画的表现手法。绘画可以采用写实的手法、归纳的手法及夸张的手法来表现。

(3)包装盒开窗的手法。开窗的表现手法能够直接向消费者展露出商品的形象、色彩、品种、数量及质地等，使消费者从心理上产生对商品放心、信任的感觉。

(4)透明包装手法。采用透明包装材料(或与不透明包装材料相结合)对商品进行包装，以便向消费者直接展示商品，其效果及作用与开窗式包装基本相同。

(5)辅助性表现手法。可以起到烘托主体、渲染气氛、锦上添花的作用。但应切记，包装设计作为辅助性烘托主体的形象，在处理中不能够喧宾夺主。

2. 间接表现法

间接表现法是通过较为含蓄的手法来传递信息，即包装画面上不直接表现对象本身，而采取借助其他与商品相关联的事物来表现，如商品所使用的原料、生产工艺特点、使用对象、使用方式或商品的功能等媒介物来间接表现该商品，在构思上往往用于表现内容物的某种属性、品牌或意念等。

图 1-2-4 化妆品包装

图 1-2-5 香皂包装

图 1-2-6 年货坚果包装

图 1-2-7 花茶包装

图 1-2-8　蜂蜜包装

有的产品无法直接表现，如香水、酒、洗衣粉等。这就需要用间接表现法来处理。同时，许多直接表现法的产品，为求得新颖、独特、多变的表现效果，也往往采用间接表现并在其上求新、求变。间接表现的手法包括联想法和寓意法(见图 1-2-8)。

（1）联想法

该方法是借助于某种形象符号引导消费者的认识向一定的方向集中，由消费者自己头脑中产生的联想来补充包装画面上所没有直接交代的东西的方法，这是一种由此及彼的表现方法。人们在观看一件产品的包装设计时，并不只是简单的视觉接受，而会产生一定的心理活动(见图 1-2-9)。

（2）寓意法

寓意法包括比喻、象征这两种手法，该方法不仅能使画面更加生动活泼，而且能丰富画面的样式，使产品更能吸引顾客(见图 1-2-10)。

图 1-2-9　零食包装

图 1-2-10　干果包装

3. 其他表现方式

将直接表现法和间接表现法结合运用。另外，还可以采用特写的手法，即大取大舍，以局部表现整体的手法，使主体的特点得到更为集中的表现。

总而言之，在回答"表现什么"和"如何表现"这两个问题时，要注意信息传达力和形象感染力这两个方面。设计创意思维要从产品、消费者和销售三个方面加以全面研究，使最后设计达到良好的识别性、强大的吸引力和说服力的水平，即具有清晰突出的视觉效果、明朗准确的内容表达和严肃可信的产品质量感受，这就达成了包装设计的最终目的。

拓展知识

包装设计的表现手法多种多样，只有具备了足够的创意才能够让产品包装变得与众不同，才能够在市场竞争过程中获得更大的优势，而不是被市场所淹没。除了以上所学还有哪些包装设计的创意表现手法？

1. 结构：这在包装设计领域是比较常见的一种方式，而且这种创意方式往往也能够起到很不错的效果。

2. 构图：通过不同的图片表现形式，可以赋予产品一些独特的创意，让产品更具有吸引力。

3. 字体：比如涂鸦字体，图形字体等，这些字体也是常见的包装创意表现手法。

【课堂实践】——饮品类包装的创意表现

实 践 内 容 ●

依据包装产品的市场调研，结合所学包装的表现手法，对饮品类包装进行创意表现。

● ● ●

探 究 练 习 ●

1. 选择具体的饮品，搜集设计素材，确定包装的表现手法。

2. 创意表现可以从摄影、绘画等直接表现法和联想、比喻、象征、寓意等间接表现法入手。

3. 设计出 3～5 种创意方案，选取最佳的一种方案进行制作。可参考图 1-2-11 的优秀案例。

● ● ●

优秀案例：

图 1-2-11　优秀饮品包装设计案例

模块二

包装视觉传达语言

知识目标

- 了解包装中的文字、图形、色彩、编排视觉要素。
- 理解包装设计中视觉艺术的重要性。
- 理解文字图形设计方法，色彩情感表达以及编排的设计原则。

能力目标

- 熟悉文字图形的类型、色彩设计原理。
- 能利用包装的图形、文字、色彩等形象进行编排设计。
- 能够利用视觉艺术，创新性地综合运用于产品包装设计中。

素养目标

- 提升对包装设计的审美能力。
- 培养善于发现问题、解决问题的能力。
- 提升对包装视觉艺术设计的不同创意设计和视觉表达。

项目一　包装的文字表现

项目描述

在包装设计中，文字是传达商品信息必不可少的组成部分。有的包装视觉设计中可以没有图形图像，但是不可以没有文字说明。好的包装都十分重视文字的设计，甚至完全由文字变化构成画面，以鲜明地突出品牌及商品用途等，以其独特的视觉效果来吸引消费者。

包装设计——字体，作为平面设计中的三大要素之一，是人类最普遍使用的传递信息的工具。由于其存在的普遍性和应用的大众化，它的设计概念和传播功能往往被忽视。

文字在传递产品信息和企业形象、确立产品品牌时，往往最易于被大众接受，在立足产品特性、企业形象，放眼市场规律，抓住受众心理的前提下将字中插图、字中插字，或将字与图形、字与字母进行大胆组合，利用变形、变色、笔画特异、字形夸张等手法，体现字体的艺术魅力。文字是传达思想、交流感情和信息、表达某一主题内容的符号。商品包装上的牌号、品名、说明文字、广告文字以及生产厂家、公司或经销单位等，反映了包装的本质内容。设计师必须把文字作为整体包装设计的一部分来统筹考虑。

任务一 文字的类型及功能

学习指南

1. 能理解包装设计中文字的类型，能利用包装设计中文字的编排方法，进行包装中文字排版与设计。

2. 体会文字在包装设计中的应用，理解文字的功能与作用。

3. 掌握包装视觉文字设计的不同创意与表现。

任务引领

1. 包装设计中文字的类型有哪些？

2. 在包装设计中如何进行文字的编排？

3. 包装设计中文字的功能是什么？

精讲视频

在线精品课堂——包装设计文字的类型及功能

知识储备

一、字体在现代包装设计中的应用

字体作为文化的载体，它的传达功能和视觉冲击力在现代视觉传达艺术设计中仍然是重要的元素。字体设计是运用装饰的手法美化文字的一种书写艺术。在任何包装设计中字体的设计都是重要的构成要素之一，字体设计的好坏将直接影响商品包装的传达效果和产品的销售。字体它不仅传递信息，还以美的形式让人赏心悦目(见图2-1-1)。

随着商品经济的高速发展，包装作为商品生产与流通的一个重要环节，与人们的生活息息相关，它承担着实现商品价值与传递商品信息的重要作用。包装在现实生活中无处不在，各种合理而又动人的包装设计给人们的生

图 2-1-1 文字在包装
设计中的应用案例

活带来了视觉的满足和使用的便利。消费者对现代生活节奏的加快，改变了商品的市场营销策略，如何提高消费者对商品的购买欲，强化消费者对商品的品牌意识，已成为现代商品包装与设计的重要课题。除图形、色彩、标志、编排等要素外，包装上的字体设计是传递商品信息，提升企业品牌形象的主要内容。字体作为视觉要素，在包装设计上具有极其重要的地位，它们不但是承载、传达各种内容信息的主要角色，而且自身的视觉形象也是一种重要的装饰与传达媒介。

字体和图形同属视觉符号，是视觉传达设计的重要组成部分。字体是一种表意符号，是人与人情感沟通、信息交流的重要工具，它主要承担着信息传递视觉化的作用，是视觉传达中进行沟通的主要媒介物。在包装设计中，字体是画面构图中重要的组成部分，它不仅是信息传达的手段，也是构成视觉感染力的重要因素。如何创造字体设计，发挥其独特的魅力，是设计过程中不可忽视的重要环节。大量好的包装都十分重视字体的设计，甚至完全由字体变化构成画面，不需任何图形图像，只用字体突出品牌及商品用途等，如大批的药品、五金电器的包装设计均属此类，以其独特的字体视觉效果吸引消费者。

1. 字体在包装设计中的表现技巧

在现代包装设计中，字体不仅传递信息，而且更多地追求个性化、风格化的语言，以求脱颖而出，获得最大限度的关注，并以此对日常生活产生影响，使消费者得到良好的视觉美感。字体是现代包装设计中不可缺少的重要组成部分，要根据包装的内容安排字体和其颜色。内容特别严肃的适合用黑体，字要加粗；一般严肃的适合用黑体、宋体；轻快活泼的适合用隶书体、仿宋体；特别活泼的适合用变体艺术字；字体颜色要根据主色调进行安排。设计师选择字体时，不能仅仅为突出字体而选择字体。字体的种类、大小、轻重、繁简等要服从整个包装设计的需要。选择字体时，设计师应着眼于那些富有表现力的字体。

2. 字体在包装设计中的艺术表现

图 2-1-2 书法字体在包装
设计中的艺术表现

字体设计良好、组合巧妙的汉字能使消费者感到愉快，留下美好的产品印象，获得良好的心理反应，达到妙不可言的艺术效果。相反，字体设计丑陋粗俗，组合凌乱的汉字，视觉上难以产生美感，如果消费者拒之不看，势必无法实现其信息传达的功能。根据包装主题的要求，极力突出汉字设计的个性色彩，创造与众不同的独具特色的字体，给人以别开生面的视觉感受，将有利于企业和产品良好形象的建立。在设计时要避免与现有的字体相同或相似，更不能有意模仿或抄袭。在设计特定字体时，一定要从字的形态特征与组合编排上进行探求，不断修改，反复琢磨，利用字体外形特征的相似，以另一物象及特征把创意传达出来。设计者有丰富的想象力，才能创造富有个性的字体，使其外部形态和设计格调唤起人们的审美愉悦感受，最终将汉字潜在的内涵展露出来(见图 2-1-2)。

二、包装上的字体类型

根据文字在包装中的不同位置、特点和功能，我们可将包装中的文字分为品牌形象文字、广告宣传性文字、资料说明文字三种类型。

1. 品牌形象文字

品牌形象文字包括品名、牌号、生产厂家及地址名称，这些是包装的主要字体。品名、牌号一般安排在包装的主要展示面上，造型变化独特、色彩丰富，以中文字体为主，宋体、仿宋、黑体以及变体字体均可，但要求内容明确，造型优美，个性突出，

图 2-1-3　品牌形象文字

易于辨认，创意新鲜，富于现代感等特征(见图 2-1-3)。生产厂家及地址名称一般编排在侧面或者背面，字体应选用比较规范的标准印刷字体。

2. 广告宣传性文字

这些文字一般被安排在主要展示面上，位置多变，使用各种广告性的促销字体，用作宣传产品内容特点的推销性字体。如"新品""买一送一""鲜香松脆"等，可以起到促销作用。这类字体简洁、生动、色彩鲜艳，设计与编排自由活泼、醒目，但并不是每件包装上都必须具备的。

3. 资料说明文字

资料说明文字内容包括产品成分、容量、型号、规格、产品用途、用法、生产日期、保质期、注意事项等。这些字体设计简明扼要，一般编排在包装的侧面或者背面，字体应用规则的印刷字体，设计者主要是运用各种方法将它们有序地进行编排。

三、文字在包装设计中的编排

字体设计是视觉传达设计中的一个非常专门化的领域。其一，对字体造型的感受要比一般图形的感觉细腻得多，对于图形选择来说，字体被规定的范围要狭窄得多；其二，文字源远流长，多少世纪的历练与琢磨，使每个字不仅意义充实，而且具备了优美的形象和艺术境界。

包装中的排版设计不仅要注重文字本身的设计，同时要考虑组合方式对于包装的影响。组合方式的变化可以体现生动的对比效果，提高整体的包装设计美感，在设计中如何来安排文字，需要设计师认真考虑和推敲。

1. 主体文字

设计师首先将主体文字安排在包装的最佳视觉区，大小、形体、色彩设计恰当才能体现出主题。例如：在风味小吃、方便食品包装中，文字排列变化比较丰富，追求活泼、动感的表现效果，设计中首先将主体文字安排在最佳视觉区，次要的说明性文字依次安排在一个较小的部位或空间，这样消费者的视线就是顺畅的，达到一种赏心悦目的审美效果(见图 2-1-4)。

2. 辅助文字

图 2-1-4　主体文字

主体文字与辅助文字的字号大小，也是要考虑的问题之一。

一个画面中不宜选择多种字体，最好不要超过三种，太多易产生杂乱、不和谐感。对有些需要强调的内容文字可以做特别的处理，以下有几种常见的排列方法。

（1）齐头排列：是指每一行和每一段内容的开头字，排在同一行的第一格，前面对齐的排列效果。

（2）齐尾排列：每一行和每一段的末尾均安排在同一行的最末格，后边对齐的排列效果。

图 2-1-5　文字编排

（3）居中排列：是指以中心为主向两边排列，或左右，或上下，中心要居中。

（4）齐头齐尾排列：使文字的开头和结尾都在同行同格上，这种方法在视觉上十分规则，使用率较高，一般用在说明文上，但有时会显得单调呆板。

（5）不规则排列：根据实际要求，文字的每一行按一定的节奏变化，自由排列。自由排列也一定要有内在的规律，要素相呼应协调，否则就会凌乱松散，不利于文字阅读。可以直排、斜排；可以网格式排列；可以沿一定的曲线、弧线、圆形排列；也可以在大文字中套小文字。不规则文字排列，可以产生特殊的审美效果。

次要的说明性文字依次安排在符号整体设计的其他部位，突出了商品的标题文字，这样消费者的视线就会顺畅，达到一种赏心悦目的视觉感受（见图 2-1-5）。

　拓 展 知 识 •

字体是完整的包装设计中必不可少的组成部分，也是包装设计诸要素中最重要的一项。从信息化、视觉化、艺术化的视角来审视字体设计，可以领略到它是一种巨大的生命力和感染力的设计元素，它有其他设计元素和设计方式所不可替代的设计效应。正如德国著名设计家冯德里希指出，字体与人类文化同样古老，它的形象具有魔术般的力量，人们的视线无法避开那伟大的杰作。在满足它的使用功能的同时，能够赋予其最崇高的审美表达。

•••

任务二　文字的设计方法

学习指南

1. 收集有关文字的包装设计，理解文字在包装中的创新设计。

2. 掌握包装设计中文字的设计方法。

3. 能够对包装设计中的文字设计进行突破和创新。

任务引领

1. 包装设计中文字的设计方法有哪些？

2. 对包装设计中的文字进行创新设计时要注意哪些方面的问题？

精讲视频

在线精品课堂——包装设计文字的类型及功能

知识储备

一、字体在现代包装设计中的应用要点

在现代包装设计中，字体的多种艺术属性为汉字选用提供了广阔的空间。在选用时需要注意以下两个方面。

(1)在同一设计中，并非字体种类用得越多就越有艺术性。字体形式用得过多，有时反而显得杂乱，一般不要超过三种字体，恰到好处才是最理想的。

(2)包装画面的文字运用属于实用的范畴，讲究简洁、生动、明快、美观、易读。字体的格调与造型，首先要体现产品属性与品格，不论如何设计包装，必须使其具有良好的识别性与感染力。与众不同、独具特色的汉字字体，能给人以别开生面的视觉感受。汉字字体作为造型元素出现，不同字体造型具有不同的独立品格，给人以不同的视觉感受。

我们应该深入地去感受汉字字体造型个性在现代包装设计中所呈现出的不同特性，并寻求不同字体间的联系，这样才能在保持字体独特个性的同时，使设计的形式与内容统一，增强包装设计中文字的整体视觉诉求效果。只有带着强烈艺术气质的字体，才能得到广大受众的喜爱，文字表达的个性形

态是包装设计的重要手段与成功的基础。在我国的现代包装设计中，汉字设计应该给人以清晰的视觉印象，使人在轻松、愉悦的心情中完成信息的接收，达到信息传达的效果。在文字组合排版设计时，在同一页面中字体种类少，版面雅致，一般用在生活用品的包装设计中；字体种类多，版面活泼，丰富多彩，一般适合食品、服装、化妆品的包装。

二、包装设计中文字的设计方法

要使包装设计具有审美的艺术性，文字设计是不可缺少的视觉元素，在艺术设计活动中应善于运用美的形式法则，使文字设计具有艺术魅力的同时更要重视文字的审美性和识别性。

1. 突出商品的属性

包装文字的设计应和商品内容紧密结合，并根据产品的特性来进行造型变化，使之更典型、生动，突出地传达商品信息，树立商品形象，加强宣传效果。如医药包装可选择简洁、明快的字体(见图 2-1-6)，机电产品包装则要采用刚健、硬朗的字体，化妆品则须用纤巧、精美的字体等，以此强化宣传效果。

图 2-1-6　药品包装

2. 文字设计的可识别性

在进行字体设计时，因为装饰美化的需要，往往要对文字运用不同的表现手法进行变化处理。这种变化装饰应在标准字体的基础上进行处理，不可篡改文字的基本形态。文字的基本结构是几千年来经过创制、流传、改进而约定俗成的，不能随意改变。因此，文字设计多在笔画上进行变化，一般不对字体结构做出大的改变，使之能保持良好的识别性(见图 2-1-7)。

图 2-1-7　糖果包装

3. 文字设计的艺术性

文字设计的艺术性兼具传达商品信息和识别性的作用。在视觉设计中合理地运用产品名称文字，是增强商品个性化的首要条件，是传递商品信息的重要因素，产品名称文字设计得当，可提升商品的文化内涵，给人以美的感受(见图 2-1-8)。

4. 文字设计的统一和谐

为了丰富包装的视觉形象，我们常在同一包装上选用几种字体。不管选择的字体有多好，文字的美仍然取决于好的形式。为了使版面更具整体性，加强品牌形象，通常选择的字体种类不宜太多，两三种为好。字体的选用要与其他元素相互协调，否则就会杂乱无章，缺乏整体感，从而影响品牌的整体形象。因此在包装文字设计时遵循统一和谐的原则就显得十分重要。包装中的字体样式运用不宜过多，否则会给人凌乱不整的感觉。汉字与拉丁字母的配合，要找出两者字体之间的对应关系，使之在同一画面中求得统一。字体间的大小和位置，既要有对比又要有和谐的感受。

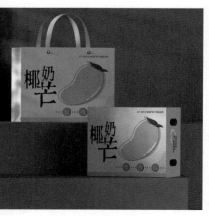

图 2-1-8　水果包装

5. 体现文化内涵

包装承载着文化，让文化与包装产品有着一定的契合性，包装中蕴含着深厚的文化价值和独特的文化基因，正是包装设计创意的可靠来源。无论是中文字体，还是英文字体，都有丰富的字体风格和民族文化特色。因此，包装上的文字不仅可以具备形象美感和传达信息的功能，而且可以通过鲜明的个性体现各民族的文化内涵，从民族心理上深深地触动消费者的审美情绪（见图 2-1-9）。

图 2-1-9 文创包装设计案例

文字的总体设计要求如下所示。

(1)主题文字的字体、大小、位置在文字设计中要重点关注。

(2)基本图形要明确，内容不宜过多、过杂，主体图形的面积和部位要重点考虑。

(3)要明确基本色调，要注意色彩安排的重点倾向，要注意典型的色彩形象。

(4)要注意一种基本的编排形式，有一种基本的视觉格局。

★ 思 政 课 堂

汉字自殷商甲骨文起，已有三千多年历史。作为一种既表意又表形的文字，汉字兼具审美价值。其信息含量之丰富、不确定性之高，世所罕见。在凝聚中华民族、维护民族尊严与身份认同方面，汉字发挥了不可替代的作用。统一的汉字，多样的方言，共同维系着这个统一大国的根基。对比中国与亚、非、拉美等地的历史，中华文化的坚韧可见一斑。文字是文化传承的最佳载体，汉字不仅记录语言，更承载着民族的兴衰荣辱，见证了人民的悲欢离合。数千载来，汉字文化与中华文化并肩前行。

●●●

拓 展 知 识 •

文字设计是现代包装设计中的重要组成部分之一，作为中国本土文化的重要组成部分以及人类共享的文化资源，文字文化已超越自身，在日益走向经济全球化的今天发挥了更加积极而广泛的作用。在包装设计中，字体首先作为造型元素而出现，不同字体的造型具有不同的品格，给人以独特和直接的视觉感受。

●●●

项目二　包装的图形创意

项目描述

图形是一种非文字符号的视觉元素，具有直接明了传达形象的特点。人们对于图形的感知总是因文化而异，对于不同的人来说，同一图形所表达的含义也会有所不同，图形给人一种遐想的空间。

图形设计是商品包装视觉传达设计的重要内容之一，设计师在包装设计中有效地运用插画、照片、绘画等能够给观看者留下鲜明深刻的视觉印象。因此，根据商品的类型，采用能够突出商品特点的图案，从而在包装视觉传达设计中准确传递商品信息。

在包装视觉传达设计中，图形要为设计主题服务，为塑造商品形象服务。好的包装产品，可以在没有文字的情况下，通过视觉语言进行信息的传递。包装设计中的图形表现形式丰富，图片、插画、图标符号等可通过各种风格加以体现，每种风格都会创造出不一样的视觉语言，构成吸引人的视觉画面。

任务一　图形分类与原则

学习指南

1. 认识不同图形设计展示包装的主题特征，了解图形的设计原则，理解包装设计中图形的重要性。

2. 掌握包装设计中图形的基本分类、图形语言的特征，能利用图形的表现形式设计不同风格的包装。

3. 分析包装图形的创意表达，提升包装图形的设计应用能力。

任务引领

1. 包装设计中图形的分类有哪些？

2. 包装设计中图形的设计原则是什么？

精讲视频

在线精品课堂——图形分类与原则

知识储备

图形是一种非文字符号的视觉元素，具有直接明了传达形象的特点，它是视觉的直接化感知。图形设计是商品包装视觉传达设计的重要内容之一，包装设计中有效地运用插画、照片、绘画等都能够给人留下深刻的视觉印象。因此，要根据包装产品的内容，采用能够突出产品特点的图案，准确传递产品的信息。

一、包装设计中图形的分类

在包装中图形除了能将产品信息呈现出来，还具有快速传达并易于记忆的功能。包装设计中图形有四个特质：产品的再现、产品的联想与象征、品牌印象强调、美化与装饰作用。根据图形的特质，在包装中图形设计可包含产品实物形象类、产品原料或原产地形象类、产品使用者形象类、装饰图形类。

1. 产品实物形象类

产品实物形象是包装图形设计中运用得最多的手法，它通过摄影或写实插图对产品进行视觉表达，

图 2-2-1　橙子包装

使消费者能直观地了解商品的外形、材质、色彩和品质。在产品形象传达过程中，还可以通过特写的手法将产品局部扩大，形成强烈的视觉冲击力。除此以外，还可以利用"镂空式"或"开窗式"包装，让消费者直接看到，从而取得消费者信任而放心购买。产品形象包括产品直接形象和产品间接形象，产品直接形象是指所包装商品的自身形象，产品间接形象是指产品使用的原料形象，如液态状的果汁、粉粒状的速溶咖啡，均可通过该产品的原始材料形象予以表达(见图 2-2-1)。

2. 产品原料或原产地形象类

包装上展现产品原料形象，有助于消费者了解产品的特色，也有利于突出商品的个性，吸引消费者。这种形象被广泛地运用在饮料、果酱等包装上。对于那些具有地域特色的产品包装设计，通常采用产地形象作为传达信息的载体，这也使产地形象成为产品品质的保证和象征。这一手法在旅游商品中用得较多，使包装具有浓郁的地方特色和明确的视觉特征，吸引消费者注意。(见图 2-2-2)

图 2-2-2　茶礼品包装

3. 产品使用者形象类

利用产品的使用者作为主体形象，一方面是为了传达出产品消费者的类型，另一方面也是为了拉近商品和消费者之间的距离，使消费者产生亲切感。这类图形适用于那些不易直接使用产品外观形象表达的商品，如动物食品等，而适合采用产品使用者形象来传达商品的性能、特质、用途等，给人留下产品的整体形象。人物形象是以商品使用对象为诉求点的图形表现。有些商品为了传达出产品消费者的定位人群，运用人物形象，拉近商品与消费者之间的距离(见图 2-2-3)。

图 2-2-3　狗粮包装

4. 装饰图形类

装饰图形在包装设计中的运用十分广泛，其中包括对传统装饰纹样的借用，但这种借用必须建立在对传统了解的基础上，切不可滥用装饰纹样，而应配合内容物的属性、特色、档次适用。一些商品的包装设计，为使包装产生极强的形式感，而选用抽象或有吉祥寓意的装饰形象。装饰形象能带给人们愉悦的心理，如礼品、工艺品等，常用装饰形象，能够增强商品的感染力(见图 2-2-4)。

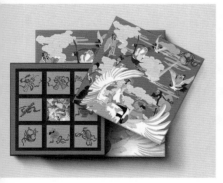

图 2-2-4　月饼文创包装

二、图形设计的原则

图形是一种非文字符号的视觉元素，具有直接明了传达形象的特点，它是视觉的直接化感知。在包装视觉传递设计中，图形要为设计主题服务，为塑造商品形象服务，图片、插画、图标、符号等可通过各种风格加以体现，每种风格都会创造出不一样的视觉语言，构成具有刺激感的视觉画面。图像可以简洁明了，从而让人迅速体会到设计概念，不同画面所传达的感觉体验不同；风味、香味、口味、温度等都可以在包装设计中通过图形视觉的方式传递出来，图形可以创造视觉兴奋点、特殊难忘的体验和可以明显辨认的关键性视觉元素。

1. 表达准确

对商品品质的正确导向是图形设计的关键。设计师借用图形来传递商品信息时，关键的一点便是准确达意，无论是采用具象的图片来说明商品的实际情况，还是运用绘画手段来夸张商品特征，或是用抽象的视觉符号去激发消费者的情绪等。对商品信息的准确表达当然还包括所选用图形的诚实可信，不仅有利于培养消费者对该商品的信赖感，也有利于培养消费者对该品牌的忠诚度(见图 2-2-5)。

图 2-2-5 砂锅土豆粉包装

2. 个性鲜明

与众不同的包装图形设计，可以避免市场上存在的包装"雷同性"现象，以便从拥有众多竞争品牌的货架上脱颖而出。显然，要想吸引消费者关注的目光，就得将图形设计得个性鲜明。个性化的图形设计有时需要一种逆向性的表现，它可以是图形本身的怪诞化，也可以是图形编排中的反常化。一些看似不太合理的特殊形象以及不太寻常的复合造型，正是平常心理的对立面，往往可以给人更多的思考和联想的空间，在寻常中展现特别的光彩(见图 2-2-6)。

图 2-2-6 蜂蜜文创包装

3. 主题明确

在设计中要针对商品主要销售对象的多方面特点和其对图形语言的理解来选择表现方法。由于包装本身尺寸的限制，过于复杂的图形将影响主题的定位，所以采取以少胜多的方法运用图形语言，可以更加有效传达视觉信息。

4. 审美较强

成功的包装，其图形设计必然是符合人们的审美需要，它带给人们的是美好而健康的感受，能唤起个人情感的体验，也能引起美好的遐想和回忆。通过巧妙的构思和独特的创意设计出独特的包装，向消费者传达商品的各种信息，可以激发消费者的购买欲望，提升包装在销售中的附加值。

★ 思政课堂

要想包装设计出具有一定美感的产品，需要注意以下 5 点内容。

1. 熟悉设计的原理和规律：可以帮助设计师更好地把握设计的基本要素，如色彩、形状、线条等，从而创造出更具有美感和艺术性的作品。

2. 注重细节和精度：在设计过程中，设计师注重细节和精度可以让作品更加完美和精致，同时也可以提高作品的专业度和可信度。

3. 运用创新思维和技巧：在设计中，设计师运用创新思维和技巧可以让作品更具有个性和独特性，同时也可以吸引更多消费者的关注。

4. 与时俱进，跟随潮流：在设计中，设计师跟随时代潮流和趋势可以让作品更具有时尚感和前瞻性，同时也可以更好地满足人们的需求和期待。

5. 不断学习和提高：在设计中，不断学习和提高自己的能力可以让设计师更具有竞争力和创造力，同时也可以不断地创造出更具有审美价值的作品。

● ● ●

------ 拓 展 知 识 ●

图形源于人类认识和改造世界的需要，由人类劳动生活的记事符号开始，当人类祖先在他们居住的洞穴和岩壁上作画时，图形就成了联络信息、沟通、表达情感和意识的媒介。

图形的历史进程大致分为三个阶段。第一个阶段为远古时期人类的象形记事性原始图画，原始人的图画式符号是图形的原始形式，也是文字的雏形。第二个阶段为由一部分图画式符号演变而形成的文字。图画式符号比记事性图画的抽象性更强，更为简化，记事性图画在实用中不断简化后就形成了图画文字。第三个阶段为文字产生后带来的图形的发展。文字使人类的沟通和交往更加密切，图形承载着综合的复杂信息内容且又极易被人类所领会。因此，图形也得到了人们的重视和利用。

● ● ●

任务二　图形语言的表达

学习指南

1. 理解包装设计中图形的语言特征，认识包装设计中内容与形式统一的重要性。
2. 利用图形塑造商品包装的形象，利用图形的语言特征传达产品的信息获得消费者的青睐。
3. 提升图形创意设计的能力，提升善于发现、善于研究的能力。

任务引领

1. 包装设计中图形的语言特征是什么？
2. 包装设计中图形的语言作用是什么？

精讲视频

在线精品课堂——图形语言的表达

知识储备

图形语言是视觉语言的重要组成部分，它是利用图形、符号等描述相关事物的特性，是图形与对象之间的共有特征的表现。图形语言在视觉语言中更加直观，具有一定的真实感和情景感，其最大的优点是能够以情景再现的模式进行相关信息的传递。好的图形是对产品本身的一种宣传，促使消费者产生精神上的共鸣。

一、包装设计中图形语言的特征

在包装视觉传达设计中，图形要为设计主题服务，为塑造商品形象服务。图形设计中要呈现产品的信息，这就是它独有的表现特征。由于传递信息方式、传达内容存在差异，图形设计就体现了各式各样的形式特点，主要表现在直观性、文化性、寓意性和竞争性四个方面。

1. 直观性

直观性是图形的第一特征，包装设计中的图形设计作为一种视觉语言进入大众视野，首先存在视觉冲击，使消费者第一眼就能看到一些信息。

图 2-2-7　食品包装

受直观性的影响，大家自然而然就会接收到产品传递出来的信息，从而对该产品产生第一步的评价，这会给包装设计的销售效果带来极大的影响。人是视觉性动物，对图形的接受力明显优于文字，尤其是在面对食品类商品(见图 2-2-7)的时候，这种优势更为明显，调查发现图形能够轻易激发大众的兴趣，易抓住消费者的目光。

2. 文化性

我国历史悠久，有着五千多年的传统文化，历代留传下了许多珍贵的图形文化遗产，为我们的现代设计提供了取之不尽的资源，若能将这些最富有民族传统文化特征的图形合情合理地应用于我们的产品包装上，让它们传达出强烈的民族感和浓重的传统文化气息，继续焕发出新的生命力，那么现代设计无疑会呈现出具有文化性的光彩。

图 2-2-8　文创包装

在各类优秀的产品包装设计中，有很多这方面的案例。如全国各地的酒类包装、茶叶包装、食品包装和土特产包装等，均以带有强烈地方风格的图形，表现出富有中国民族文化的品牌特征(见图 2-2-8)。无论是传统的乡情风俗，还是地方的山水景色、人文环境，通过图形的表达总能表现出传统文化的内涵。通过传统的书画、剪纸、皮影、玩具、年画，或者雕刻、印染、刺绣工艺等艺术手法去描绘、刻画时，产品包装同样会成为一种民族化装饰语言，图形凸显的民族性也随之增色，它们的文化性也更进一步地被突显出来。图形的意义在这里也就产生了更高的价值，从而使传统图形在现代设计中体现出更富有形式的变化，产生更多新的美感趣味(见图 2-2-9、图 2-2-10、图 2-2-11)。

图 2-2-9　非遗文化包装

图 2-2-10　平遥面食包装

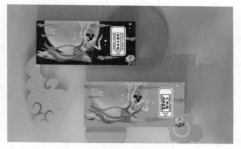

图 2-2-11　八宝茶包装

图 2-2-12　月饼礼盒包装

3. 寓意性

　　包装设计中图形设计的寓意性，是借助于图形表达出来的含义，图形设计带来的第一印象虽然是视觉上的，但由于这些图形的变幻，每个设计都有了属于它的特殊含义，所以可以给予消费者很多联想，会慢慢引导大家对该产品的内在产生遐想，进一步激发消费者的购买欲望(见图 2-2-12)。

4. 竞争性

　　从古至今，有经济商品的地方必然存在着竞争，在面对竞争的时候，要从市场的具体环境考虑，既要善于利用自身的优点，又要看到对手的长处并加以研究(见图 2-2-13)。

图 2-2-13　牛肉包装

　　无论是在色彩上，还是从图形方面，或者是造型角度等，各种视觉要素都不容忽视，做好每一点，聚沙成塔，最后看到的才是波澜壮阔的景象，就一定可以在竞争中取得优胜。

　　包装设计中图形设计具有其独特地位，受到了大众的高度重视，因为它传递的就是产品的内部信息，直接影响着人们对该产品的第一印象。在这样的商品经济背景下，图形设计具有它的表现特征，无论是直接性、文化性、寓意性，还是竞争性，从包装设计角度而言，都需要设计者正确把握以及灵活使用。这样，设计师才能切实利用好包装设计中的图形设计，让广大消费者可以通过它更好地了解产品。

二、包装设计中图形语言的作用

　　图形语言，以直观而生动的视觉形象，深刻诠释商品的本质与风貌。在商品包装设计的广阔舞台上，图形语言不仅是信息的载体，更是艺术与商业完美融合的桥梁。通过精心挑选与巧妙构思的图形元素，设计师能够精准捕捉并展现产品的独特魅力，极大地提升了产品的审美价值与市场吸引力，从而有效促进商品的销售流通。

1. 图形语言是共通的视觉语言

在商品包装的创意天地里，图形语言扮演着至关重要的角色。它超越了传统语言的界限，以直观、易懂的方式，将产品的内在品质与外在形态巧妙融合，直接触达消费者的心灵。设计师需精准把握图形设计的精髓，深入挖掘产品特性，创造出既具辨识度又引人入胜的视觉符号，使包装成为吸引顾客目光、传递产品价值的强大工具。

2. 精准传达，信息无界

图形语言的核心使命在于高效、准确地传递产品信息。在有限的包装空间内，设计师需运用精练的图形元素，直击产品核心卖点，让消费者在瞬间捕捉到产品的关键信息，无论是功能特性还是情感价值，都能通过图形语言得到淋漓尽致的展现。

3. 表现手法多样，创意无限

图形语言的表现手法丰富多样，从实物透明展示到文字图形的巧妙变形，再到夸张图形的视觉冲击，每一种手法都蕴含着设计师的匠心独运。这些手法不仅增强了包装的视觉吸引力，更赋予了产品独特的个性与生命力，满足了消费者多样化的审美需求与个性追求。

4. 视觉盛宴，触动心灵

新颖、有创意的图形设计，如同视觉上的盛宴，能够瞬间抓住人们的眼球，激发内心深处的共鸣。企业包装设计团队需紧跟市场脉搏，深入理解消费者需求，结合产品特性，创造出既符合市场趋势又具独特魅力的图形语言。这样的设计不仅提升了产品的商业价值，更为企业赢得了更加广阔的市场空间与丰厚利润。

总之，图形语言作为信息时代不可或缺的交流工具，其重要性不言而喻。它不仅拓宽了设计的边界，更以独特的魅力影响着人们的生活方式，传递着丰富的信息与文化内涵。在未来的发展中，图形语言将继续以其独特的优势，引领设计潮流，推动商业与艺术的深度融合。

　拓 展 知 识 •

包装设计中的图形语言是为了更好地通过视觉形象传播商品信息。包装设计的灵魂就是创意与创新，要想设计出优秀的作品，作为设计师要具备积极的思考力和敏锐的市场洞察力，不断地积累和丰富自己设计的经验。创意与创新是设计的法宝，在包装设计的图形语言上，设计师的创意只有用图形语言准确有效地表现出来，才能吸引消费者。

•••

任务三　图形的表现方法

学习指南

1. 掌握包装设计中图形设计的表现方法。
2. 理解图形的表现方法，能够利用图形视觉要素进行包装设计。
3. 学会包装图形的设计应用技巧，提升动手实践能力。

任务引领

1. 包装设计中图形设计有几种表现方法？
2. 包装设计中图形设计要注意哪些方面？

精讲视频

在线精品课堂——图形的表现方法

知识储备

　　包装是商品信息传播的载体，是呈现给消费者的产品形象。在包装设计中，图形设计对视觉信息和主题的表达十分重要。它将包装视觉设计中的各个元素，通过虚实对比、主次有别等方法，进行合理巧妙的布局，使产品的包装既兼顾了造型的合理性，又使外观具有灵动性，给消费者留下深刻的印象。随着社会物质财富的丰富和人文素养的提高，人们的消费心理和需求观念已经发生了深刻的变化。人们对于商品不仅仅局限于其使用需求，更倾向于在商品及其包装上追求美的视觉感受和情感交流。

　　好的产品包装，可以在没有文字的情况下，通过图形进行无声的沟通，将商品的内容和信息传达给消费者，图形在视觉上的感染力能够引起消费者的心理反应，促进购买。包装设计中所运用的图形要素多种多样，通过这些不同形式的图形语言来传达出不同的信息，进而加深消费者对产品的印象(见图2-2-14)。

　　包装设计中的图形是信息传达最直观的方式，是设计者的设计思

图 2-2-14　卡通包装

图 2-2-15　果冻包装

图 2-2-16　零食包装

图 2-2-17　饮料包装

路和切入点的体现。其传达的内容也应做到充分和完整。在包装中，图形的表现形式，受到艺术绘画思潮的影响，因而在图形的外观上，视觉传达出来的形象，通常可归纳为具象写实的图形、抽象表意的图形和意象传情的图形三大类。

一、具象写实的图形

具象写实的图形的表现技法是指对自然物、人造物的形象，用写实性、描绘性的手法来表现，使人一目了然。这种表达方式，能具体地表现包装中的产品，并能突出产品的真实感（见图 2-2-15）。具体写实的图形的表现形式通常以摄影图片、绘画图形为主，追求逼真的形象。在包装设计中，摄影图像可以直观、准确地传达商品信息，也可以通过对商品在消费使用过程中的情景做出真实的再现，以方便宣传商品的特征，突出商品的形象，促进消费者的购买欲望。此外，绘画手法直观性也较强，欣赏趣味浓，是宣传、美化、推销商品的好手段，主要采用喷绘、水彩等方法。包装上的绘画同独立的绘画作品不一样，要体现出商业化；也不同于摄影，包装上的绘画更有取舍、提炼和概括的自由性。

每种表现手段各有所长，要根据产品的特点，选择合适的表现方法。具象写实的图形主要通过插画、摄影、卡通造型、借用绘画名作的方式来完成对产品客观形象的表现。主要有以下几种表现方法。

1. 插画

插画作为包装设计的图形形式已成为一种流行趋势，它是由传统写实绘画逐步向夸张、变形等抽象方向发展，强调意念与个性的表达，通过各种表现方法体现商品的特征与主题（见图 2-2-16）。现代包装插画主要通过喷

图 2-2-18　非遗文化插画包装

绘、素描、水彩、版画等绘画方式（见图 2-2-17、图 2-2-18），表现不同的视觉效果。随着科技的进步，可以使用 Painter① 等插画软件进行包装设计，为包装插画创作提供了更大的空间，增强了插画的表现力和感染力。目前市场上出现大量使用 CG 插图② 的包装，它以独特的造型和艳丽的色彩吸引消费者。

2. 摄影

摄影在现代包装设计中运用得十分广泛，已成为一种包装图形的主要表现方法。它可以直观、快速、准确地传达商品信息，能如实地反映商品的尺寸、结构、材质的真实感，引起消费者的联想，营

---

① Painter 是数码素描与绘画工具，这是一款极其优秀的仿自然绘画软件，拥有全面和逼真的仿自然画笔，深受数码艺术家、插画画家及摄影师的喜爱。

② CG 插图，全称计算机生成插图（Computer Generated Illustration），是一种利用计算机和相关软件工具进行创作的插图作品。

造出不同的光色效果与氛围感，促进消费者的购买。

3. 卡通造型

卡通造型的运用，已成为一种流行趋势。企业通过在包装上使用活泼自由且极具个性的卡通造型赢得消费者的好感。这不但为企业节约了产品代言人的费用，而且卡通造型的亲切、可爱的形象能够在消费者心中建立起良好的形象认知度，从而更好地树立企业的品牌形象，增强消费者的信任(见图2-2-19)。

图 2-2-19　卡通包装

4. 借用绘画名作

在处理包装设计图形时，特定的包装还可以借用中外绘画名作。日本在某些传统产品包装图形设计中常常运用浮世绘、民间木版画等表现方法烘托商品的民族特色。中国的传统产品的包装设计，常常运用历代名画的设计，表现出商品的档次与文化品位。

二、抽象表意的图形

抽象表意的图形以图形符号来引导消费者联想。在包装画面的设计中，抽象表意的图形具有较大的发挥潜能，是现代包装设计的流行趋势。抽象表意的图形也是视觉语言的符号化，注重的是看不见摸不着的"意象"，即通过点、线、面的构成，肌理特征和色彩关系传达出视觉特征和情感特征，使人们对其产生联想，体会商品的内涵。抽象表意的图形构成的画面并无直接含义，但有着曲、直、方、圆的多种变化，给人以或刚、或柔、或优美、或洒脱等多种联想。抽象表意的图形多用于医药(见图2-2-20)、日化、电器等产品的包装。

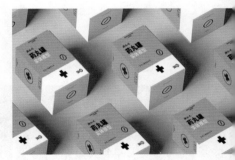

图 2-2-20　药品包装

抽象表意的图形体现自由、丰富多样的风格，从手法上有人为抽象图形、偶发抽象图形、抽象肌理、计算机辅助设计几类。所谓"人为"就是指创造者通过对点、线、面等造型元素进行精心的编排和设计，来创造出视觉上具有个性的秩序感。编排的手法按照造型的规律进行节奏、韵律、对比、渐变、疏密等多种形式的组合，以创造出不同的视觉形象特征。"偶发"是相对"人为"而言的，其实偶发抽象图形也是人所创造设计出来的(见图2-2-21)。只是形象更具偶然性，因此显得自由轻松并极具人情味。偶发图形的创作手法很多，比如，利用水的特性采用吸附、泼洒、吹散、油水相斥等手段进行创作，利用手撕、火烧等产生自然形态。还有一种手法就是运用相应的肌理特征与商品本身的特征进行结合，可以反映出商品的性格和属性。比如，粗糙与光滑、干燥与湿润、冷漠与温暖等，都会给人以不同的视觉感受和联想。计算机辅助设计在包装设计中已得到普遍的应用。此外，通过一些图像设计软件，可以轻松地得到千变万化的图形，为包装设计提供了丰富的素材(见图2-2-22)。

图 2-2-21　食品包装

在包装设计中运用这类图形时，通常采用以下几种表现方法。

(1)运用点、线、面构成各种几何形态。

(2)利用偶然纹样，如皱纸、水化油彩纹样、冰裂纹样、水彩等渲染效果。

图 2-2-22　饮品包装

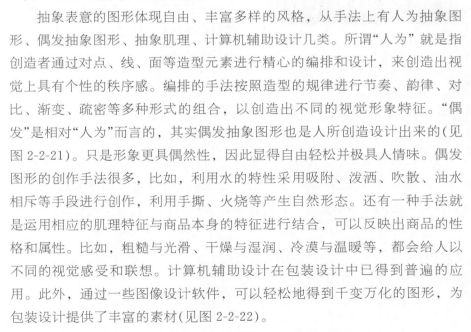

（3）使用计算机绘制各种平面的或立体的特异几何纹样，表达出一些无法用具象写实的图形表现的现代概念，如电波、声波、能量等的运动。

三、意象传情的图形

意象传情的图形的使用常以具象的造型表达抽象的理念和意念。所运用的表现手法为反常态的、超现实的、不合情理的，有时也可以借用卡通漫画的形式进行夸张、变形来增强视觉效果。意象传情图形是指从人的主观意识出发，利用客观物象为素材，以写意、寓意的形式构成图形。意象传情图形的意境美，不受客观自然物象形态和色彩的局限，采用夸张、变形、比喻、象征等方法，给人以赏心悦目的感受。

意象传情的图形的应用可以说是一种"意象传达"（见图 2-2-23）。英国包装设计师詹姆士曾说，包装不是以呐喊的方式，而是以吸引力的劝诱方式，是消费者对商品形成的一个印象。在设计表现中，这些图形可以结合应用。计算机设计的图形表现，较多地把这几种图形融洽地结合在一起，创造出一种新的视觉传达语言。此外，还可以借助生产工艺中的烫金印金、凹凸压印、上光模切等手段来丰富图形的表现。

随着社会的高速发展，人民的生活水平不断提高，消费时代已经来临，物质的丰富及企业的竞争使得包装设计越来越重要，包装已经和产品融为一体，包装成为产品的形象代言人。现代的消费者也常常把包装作为选择某一商品的重要因素，包装的重要性也要求包装设计应该更加新颖别致、丰富多彩，提高设计作品的感染力，这样的包装才能合乎时代的要求，具有超前性，当它得到广泛的认同与理解时，才能称之为好的设计。

图 2-2-23　文创包装设计

拓展知识 •

中国传统图案内涵丰富，文化底蕴深厚，种类繁多，形式多样，深受大众喜爱。随着复古风的兴起，这些传统图案在现代包装设计中占据了重要地位，巧妙融合了传统元素，为现代包装带来新颖感，实现了传统与现代的和谐统一，增强了视觉冲击力。现代包装设计不仅要满足消费者的审美需求，还需深入展现商品的内涵、意义及其背后的故事，实现内外的一致性。作为优秀的包装设计师，深入研究并融入传统图案，不仅能传承民族精神，还能创作出独具风格的包装设计作品。

项目三　包装的色彩应用

项目描述

　　色彩是突出和美化产品的重要因素，色彩的运用与整个画面设计的构思、构图紧密相联。它以人们的联想和色彩的习惯为依据，在包装设计中进行高度的夸张和变化。

　　包装设计的最终目的是更加有效地传递商品信息，使受众迅速、准确地认识商品，从而购买。几乎所有的设计都是通过色彩、图形、文字这三个基本要素来达到这一目的的。其中，色彩作为视觉诸要素中对视觉刺激最敏感、使人最先予以反应的视觉语言符号，在传达过程中常常能够起到先声夺人的视觉效果。因此，设计师们往往花费不少精力去关注色彩、研究色彩，把色彩作为一种重要的、具有表现力的要素来使用。

　　在包装设计中，对于色彩的设计不容忽视。色彩在包装中占据重要的位置，包装离不开色彩的运用。包装的色彩运用要符合设计美学，要具有美感，要符合产品特色——它要阐释产品的特质，能有效地体现产品的质量。包装的色彩要符合产品的要求，更要符合人的需求。

包装视觉传达语言

任务一　色彩的情感表现

学习指南

1. 认识并了解五种基本色彩观，理解包装设计中的色彩情感。
2. 掌握五色观的象征意义，能准确分析不同包装设计中的色彩寓意。

任务引领

1. 不同色彩的情感表现是什么？
2. 不同类型包装上惯用的颜色有哪些？

精讲视频

在线精品课堂——色彩的情感表现

知识储备

一、认识色彩

1. 色彩

色彩既可以指事物表面所呈现的颜色，也可以指一种思想倾向和某种情调。色彩表达着人们的信念、期望和对未来生活的预测。在现代包装设计中，"色彩就是个性""色彩就是思想"。图 2-3-1 为基本色彩的色卡。

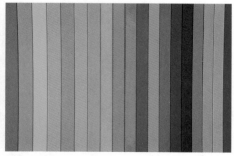

图 2-3-1　色卡

2. 古代的色彩

色彩的生成深植于天地方位与远古神话的土壤之中，带着浓厚的神秘色彩。自古以来，中国人便巧妙地运用色彩，其命名方式既富有意境又生动贴切，紧密关联着日常生活的点滴细节。这些命名不仅真实展现了自然之美，还深刻反映了古人的思想与情感世界。

以华夏服饰为例，其色彩深受"阴阳五行说"影响，青、红、黑、白、黄五色交织，不仅体现了服饰的华美，更映射出朝代的特色与文化的深厚底蕴。服饰作为华夏文明的缩影，通过色彩的巧妙运用，展现了古人的审美情趣与文化自信(见图2-3-2)。

　　同样，中国古建筑的色彩运用也是一门艺术。从北方的红墙黄瓦到南方的白墙青瓦，色彩的选择与搭配既体现了古代匠人的高超技艺与智慧，也反映了不同地域、不同阶层的社会文化与审美观念。无论是宫廷建筑的富丽堂皇，还是民间建筑的朴素雅致，色彩都在其中发挥了至关重要的作用，为建筑增添了独特的魅力与生命力。

图 2-3-2　古代服饰色彩

二、色彩的情感表现——五色观

　　古人从观察天地运行、日出日落和时序更迭的自然景色中，得出赤、青、黄、白、黑，为滋生宇宙大地色彩的五种基本色调观念，从而建构出"五色观"的色彩理论(见图2-3-3)。古人把权势地位、哲学伦理、礼仪宗教等多种观念融入色彩中，渐渐整合出一套独树一格的色彩文化观念。

图 2-3-3　色彩的五色观

1. 五色观——赤

　　"朱红一点下西山，月色东升天色晚。""赤"，即红色。红色象征喜庆、吉祥、庄严。人逢喜庆，都要用红色来装饰。红色是中国传统文化中最常见、最受喜爱的颜色之一，被赋予了喜庆、吉祥、热情、兴奋等多种象征意义，因此在包装设计中广泛应用。比如，在各种婚庆用品、节日礼品、年货礼盒等产品的包装设计中，红色都是常见的主色调。此外，在食品、饮料等产品中也经常使用红色包装，因为人们与食物的联系往往是情感上的，而红色可以调动人们的胃口和兴奋感。

2. 五色观——青

　　"暮色绕柯亭，南山幽竹青。""青"，是一种介于蓝色与绿色之间的颜色。它象征着坚强、希望、古朴、庄重、亲切、乐观等。青色在我国古代文化中，有生命的含义，也是春季的象征。青色在包装设计中经常被用于体现产品的品质和档次。比如在高端化妆品、名贵珠宝、高端红酒等产品的包装设计中，青色常被作为主色调使用，以体现产品的高贵和不凡。此外，在健康食品、保健品等领域中，青色也被广泛应用，因为青色可以给人一种健康和安全感。

3. 五色观——黄

　　"况属高风晚，山山黄叶飞。"在中国，黄色象征着财富和权力，尊贵和优雅。中国的人文初祖为"黄帝"，华夏文化的发源地为"黄土高原"，中华民族的摇篮为"黄河"，炎黄子孙的肤色为"黄皮肤"，黄色自古以来就和中国传统文化有着不解之缘。黄色在传统文化中代表着温暖、愉悦、活力、快乐等象征意义，因此在包装设计中经常被用于体现产品的正能量和情感价值。比如，在运动服装、快乐食品、亲子玩具等产品的包装设计中，黄色常被用作主色调，以体现活力和快乐。此外，在教育领域中，黄色也被广泛应用，因为黄色可以激发人们的学习兴趣和动力。

4. 五色观——白

　　"葭月地寒，塞而成冬。"白色象征着公正、纯洁、端庄、正直、超脱凡尘与世俗的情感。白色在传统文化中代表着纯洁、简约、清新、高雅等象征意义，因此在包装设计中经常被用于体现产品的简约和高雅。比如，高档化妆品、高端饰品、高级酒类等产品的包装设计中，白色常被用作主色调，以体现产品的简洁和雅致。此外，在健康生活、环保产品等领域中，白色也被广泛应用，因为白色可以体现产品的健康和环保性。

5. 五色观——黑

"黑者须当黑似漆，仔细看来无别色。"黑色象征着高贵、科技、稳定、严肃、死亡。黑色在汉民族的文化象征意义中，和红色、黄色、白色一样，也具有双重性的文化含义：既有褒义，也有贬义。黑色在传统文化中代表着高质量、高品位、细致、神秘等，因此在包装设计中经常被用于体现产品的高品质和高档次。比如，在高端时尚品牌、高级餐饮、高级家居等产品的包装设计中，黑色常被用作主色调，以体现产品的时尚和品位。此外，在电子产品、汽车配件等领域中，黑色也被广泛应用，以突出产品的科技感和高档感。

★　　　　　　思 政 课 堂

　　在探寻包装色彩搭配组合的内在规律时，达到主动掌控与自如运用色彩的学习目的，为未来的设计之路奠定坚实的色彩设计的基础。通过对包装色彩的学习，不仅学习了丰富、系统、专业的色彩知识，而且收获了灵活运用色彩的能力——用中国色彩传播中国文化，以中国文化彰显民族自信。

拓 展 知 识

　　色彩联想是人脑的一种积极的、理性与感性相互作用的、富有创造性的思维过程。当我们看到色彩时，会联想和回忆某些与色彩相关的事物，进而产生相应的情绪变化。色彩联想分为具体联想和抽象联想。具体联想是由看到的色彩联想到具体的事物，如看到红色，联想到太阳、火焰、红旗等；抽象联想是由看到的色彩联想到某种抽象概念，比如看到红色联想到温暖、危机、喜庆等。无论是看到色彩联想到具体的事物，还是看到色彩联想到抽象的概念，都只是一种感觉和想象。

任务二　色彩的设计原则

学习指南

1. 了解包装设计的色彩原则，掌握包装色彩的主次色调和色彩搭配。
2. 理解包装设计中的色彩语言，能充分运用色彩设计原则处理色彩与商品的关系。
3. 掌握色彩设计原则，进行包装设计，提升色彩感知能力和对包装色彩的应用能力。

任务引领

1. 包装设计中色彩设计原则有哪些？
2. 如何理解不同的色彩带给人不同的心理感受？

精讲视频

在线精品课堂——色彩的设计原则

知识储备

一、色彩的语言

　　每一种色彩都有自己的情感语言，只有正确认识不同色彩的性格情感，才能灵活运用色彩，以达到吸引消费者的目的。颜色从来都不是孤立存在的，但如何搭配它们，完全依赖个人的文化及艺术修养，依赖自我感觉、经验及想象力，并没有什么固定的模式。

二、色彩的设计原则

1. 相关原则

色彩设计的相关原则主要有三个，分别是品牌、商品和消费者。

（1）品牌

品牌是厂家的代号和信誉，代表质量水平和技术水平。一般品牌都有标准色、辅助色，包括搭配组合规范。有时设计师把企业形象的专用色彩使用到产品包装上，使之产生统一感，深化企业形象。这种包装，整体给消费者以强烈的品牌视觉暗示。在强调品牌系列的产品时，可以采用固定的色彩和

图 2-3-4　饮品包装——相关原则

图 2-3-5　玩具包装——主从原则

图 2-3-6　果酱包装——匀称原则

图 2-3-7　日用品包装——空间原则

图 2-3-8　肉制品包装——习惯原则

图案来设计包装，使用不同的色彩来区别同一产品的不同成分和不同功能这个方法来组成系列包装产品。

（2）商品

商品色彩就是通过色彩的明示性，直接告诉消费者卖的是什么产品。如化妆品包装色彩，要给人干净、清爽、舒适的感觉；冷饮包装给人清净、凉爽的心理感觉（见图 2-3-4）。同时，设计师使用色彩还需要考虑商品的档次和销售方式，一般来说，高档商品着重用淡雅名贵的色彩，低档商品则使用普通色调。

（3）消费者

根据商品针对消费人群类型的不同，选择符合其审美情趣的色彩，告诉顾客此类商品是专门为其生产的，以引起消费者共鸣，刺激消费者购买。

2. 主从原则

在主从原则中，包装画面的色彩布局，必须突出对比中的一方，形成主次关系（见图 2-3-5）。安排画面的色彩关系时，首先要明确它的主色调是什么，其他的颜色则必须服从主色调，并与主色调统一。一般来说，主体的色彩饱和度高些，陪衬的色彩则可以饱和度低些。

3. 匀称原则

在匀称原则中，色彩的配合，应符合视觉上匀称的要求。一般暖色、饱和度高的色彩能产生沉重的感觉；反之冷色、饱和度低的色彩却给人以轻快的效果。要获得画面匀称的效果，设计师可以选择使用不同性质的颜色加以搭配，也可以用面积的大小来调整（见图 2-3-6）。

4. 空间原则

色彩的空间感取决于色相和明度。在搭配色彩时，必须使近景的物体用偏暖色调，饱和度高，远景的物体则用偏冷色调，饱和度低些，以此使色彩与构图有机地配合，表现画面的透视关系，产生远近的视觉效果。例如图 2-3-7 日用品包装，它巧妙地运用了空间原则中对色相和明度的处理方式，把主图与配图灵活地结合在一起。

5. 习惯原则

不同类别的商品，有着各自不同的习惯色彩，让顾客从习惯用色中，比较容易地了解包装内装的是什么商品（见图 2-3-8），产生某些感情或引起思想和情绪上的共鸣。

（1）食品类包装

食品类包装必须突出其美味，让人联想起食品的色香味。如看到奶白色就会联想到香喷喷的奶油，看到黄色就会想到新鲜的橙子。红、黄、橙让人联想到美味，绿色使人联想到新鲜，蓝、白使人联想到卫生或清凉，暗色调使人联想到历史悠久或源自矿物质。

（2）化妆品包装

具有特定消费群体的化妆品，要通过包装色彩，使消费者产生共鸣。男性化妆品包装，大多以黑、灰为主调，搭配蓝、黑、深赭色，体现男性的阳刚和力量。女性化妆品包装常用白色、淡蓝、淡紫、粉红等柔和温馨的色彩，表现典雅的女性美感。

（3）医药品包装

医药品包装色彩受药品性质的限制，其包装设计宜简洁、明快，让消费者觉得干净、严谨、有科技感。例如，消炎解毒的药品包装，多采用蓝、绿等冷色系列，给人宁静、降火、凉爽之感；白色给人清洁、宁静之感，所以也被大量地运用于药品的包装设计中。

（4）日用品包装

日用消费品，包装种类繁多，色彩使用也各具特色，但总的设计宗旨是：用色简单，装饰较少。各行业都有自己习惯使用的色彩。金属类产品常用红、黄、蓝、黑及其明度较低、纯度也不高的沉着色块，来象征内容物的坚实、耐用；黑、灰、蓝等冷色系列，给人以严谨、庄重精致和高科技感。

三、色彩的设计表现方法

1. 冷暖色平衡

生活中我们无处不见冷暖色的搭配方式，这种长期的实践体验使我们形成了视觉感觉。但冷暖色不单单是我们眼中看到的绝对冷暖，如晚霞中形成偏红的暖色和偏蓝的冷色，这种属于自然形成的平衡规律。除此之外还有相对冷暖，当画面中出现冷红色时，并不是搭配冷蓝色就是正确的，需要我们用细微的观察力感受和理解它们之间的内在联系才能使画面达到不一样的效果。它们之间的搭配是最为常见也是比较基础的设计，但如何能巧妙转换冷暖色调之间的搭配方法需要我们不断地尝试。

2. 明度平衡

明度是色彩三要素之一，不同的颜色会有明暗差异，相同的颜色会有深浅的变化。在色彩设计中能否恰当地控制好深浅色的平衡也相当重要。例如，在包装中若我们选用的都是深色，就会给人带来一种压抑和低沉的感受；而若选择浅色，那么整个包装给人带来的是轻飘飘、不稳重的感觉。因此，对于包装或是任何设计作品，色彩的深浅变化也十分重要，搭配得当才会产生层次感，让大众更好地认识到所要传达的内容。

3. 色彩比例平衡

设计师通常在色彩设计时会遇到该如何处理色与色之间比例关系的问题。不同的色彩搭配传达给大众的信息也是不同的。因此，在面临实际色彩设计的过程中，细节是不可以忽略的。在任何一个包装中我们都可以看到面积大的色彩往往决定着整体的色彩方向，而所占面积小的色彩往往是整个设计当中的焦点，起到解读传达设计理念的作用。如能很好地控制色彩比例也就可以控制好输出的情感表达与整体风格。

拓展知识 ●

　　包装设计对于产品的销售起着至关重要的作用，而其中的颜色选择更是不可忽视的因素。包装设计的颜色能够吸引消费者的注意力，呈现产品的特点和情感，影响他们的购买决策。因此，选择适合的包装设计颜色对于企业的品牌建设和产品的营销都非常重要。人们的审美越来越多样化，对于包装设计颜色的要求也在不断变化。现在的包装设计已经越来越注重与消费者之间的情感共鸣，通过颜色的运用来传递产品的品牌精神。很多品牌在包装设计中采用多种颜色的组合，以展现更加丰富和多维的产品形象。因此，企业在进行包装设计时，务必要认真考虑颜色的选择，以达到最好的效果。

● ● ●

项目四　包装的编排设计

项目描述

　　在产品的包装方面，需要一个关键点来充分引起人们的兴趣，激起他们的购买欲望。趣味性的表现手法常常能满足人们的精神需求，使产品能更好地销售。

　　如何在方寸的包装空间里更加高效地完成信息的呈现是至关重要的，因此包装的编排也有规律可循，其奥妙就在于主题信息的传达技巧，对文字和图形的合理编排，以突出主题。在每个包装设计的范围中，设计师都要根据产品的实际内容来决定包装设计的风格及文字与图形的比例。在编排时设计师应考虑各设计元素的色彩、大小、密度、字体，字与图是分开还是合并，该产品的消费者是哪种类型的，也必须了解最新的流行风尚，最后还要考虑选择的包装材料在印刷时会不会出现问题等，使信息呈现更高效。

包装视觉传达语言

任务一　编排的构成方法

1. 了解包装设计中编排的重要性。
2. 掌握包装设计编排的构成方法，并将各元素组合，实现整合设计的协调性。
3. 分析产品包装的构成，提升对包装整体编排的审美能力。

任务引领

1. 包装设计编排的构成形式有哪些？
2. 如何将包装设计要素合理地编排在一起，达到良好的视觉效果？

精讲视频

在线精品课堂——编排的构成方法

知识储备

一、包装设计构成的根本任务

　　包装设计是结合包装容器造型体现和完善设计构思的重要手段。它担负着对商品信息的传达和宣传、美化商品的重任。视觉传达的构成正是围绕着以上任务和目的，将包装设计诸要素进行合理、巧妙的编排组合，以构成新颖悦目而又理想的构图形式。

二、包装设计编排的构成方法

　　构图就是在有限的空间里，将所要表现的内容有主次、有轻重、有浓淡、有疏密地组合在画面中，形成一定的"骨架结构"，使画面既富有变化又有整体的统一。

　　包装的设计构图是各因素在画面中的位置(见图 2-4-1)。

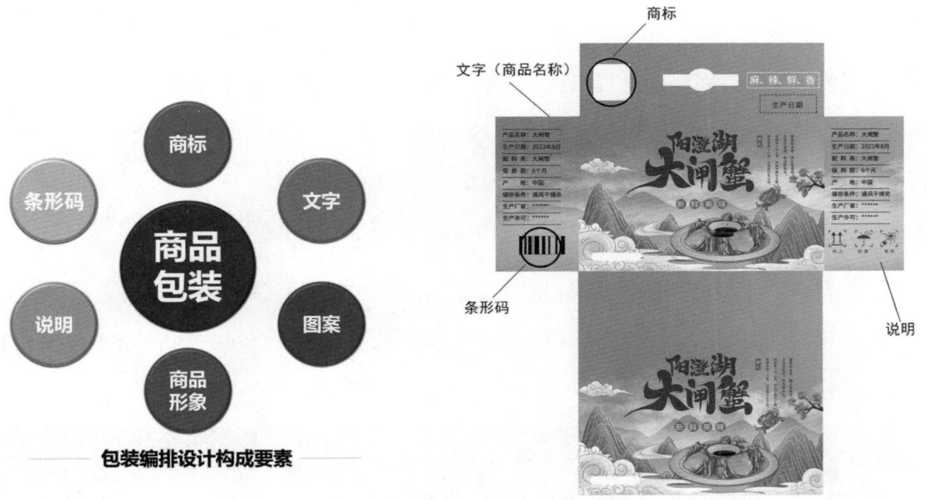

图 2-4-1　包装编排设计构成要素

包装设计中的构图体现包装的形象风格，它担负着对商品的信息传达和宣传、美化商品的重任。成功的包装设计要达到远观效果令人注目，近看效果也引人入胜，使消费者感到印象深刻。包装设计编排的构成方法有以下几种。

1. 垂直式

垂直式是将各要素摆放在一个垂直式的空间中，给人以挺拔向上的感觉。在编排时因众多要素多以直立的形式出现，因此，可将局部施以微小的变化，以小面积的非垂直排列打破其单调、呆板的局面，使之更有活力（见图 2-4-2）。

2. 平行式

平行式与垂直式正好相反，平行式以水平线为基准，呈上下并列的关系。平行式的空间分割给人以平和安定、稳重庄重的秩序感，使信息内容清晰传达。

平行式的构成也应该在平稳中求变化，在单纯中见活泼、安静、稳定、平和，同时，要处理好水平线的分割、面积比重的变化、底色的轻重等（见图 2-4-3）。

3. 倾斜式

当各种要素以倾斜的方式构成，给人最深的印象是律动感，会使包装变得充满朝气。在运用倾斜式的构成时：一是要注意倾斜的方向和角度，倾斜的方向一般以由下至上比较好，符合人们的心理需求和审美习惯；二是倾斜的元素能够带来动感，也可以传达着不稳定感，这意味着要处理好动与静的关系，在不平衡中求稳定（见图 2-4-4）。

图 2-4-2　食醋包装

图 2-4-3　雪糕包装

图 2-4-4　糕点包装

4. 分割式

分割式也是常用的一种方法。它是指视觉要素布局在按一定的线形规律所分割的空间中，产生多变的空间效果（见图 2-4-5）。分割的方法包括：垂直分割、水平分割、倾斜分割、十字分割、曲形分割等。分割式构成时要处理好空间的大小关系和信息的主次关系。

5. 散点式

散点式是自由的形式，是分散排列的构成方法。它用充实的画面给人以轻松、愉悦的感觉。设计时要注意结构的聚散布局、空间的相互关系和各要素面积的比重。散点式结构自由奔放，使画面充实饱满，空间感强；若处理不当会使画面失去中心，失去韵律感（见图 2-4-6）。

图 2-4-5　玩具盒包装　　　　　图 2-4-6　饼干包装　　　　　图 2-4-7　罐头包装

6. 重叠式

重叠式是多种色块、图形及文字相互穿插、交织的构成方式。多层次的重叠，使画面丰富、立体，且视觉效果响亮、强烈。设计师要使画面层次多而不乱、繁而不杂，运用好对比与协调的形式原则是重叠式构成的关键，这种结构在食品中应用较多（见图 2-4-7）。

7. 中心式

中心式是将主要的视觉要素集中于展示的中心位置，四周形成大面积空白的构成方法（见图 2-4-8）。中心式能一目了然地突出主题形象，给人以简洁醒目的感觉。但必须讲究中心画面的外形变化，调整好中心画面与整个展示面的比例关系。中心式主要内容在画面中心位置，视觉安定，形象集中突出，层次感强而丰满。但中心式运用不恰当会使画面呆板陈旧，所以应处理好主次关系、色调搭配和文字的使用，力求画面丰满和谐，有收有放。

图 2-4-8　咖啡包装　　图 2-4-9　粽子礼盒包装

8. 边角式

边角式是将关键的视觉要素安排在包装展示面的一边或一角，其他地方有意留下大片空白，烘托主题，渲染气氛，突出个性，这一违背传统的构成方式能加强消费者的好奇心，画面分割鲜明，视觉刺激强，也有利于吸引消费者的注意力（见图 2-4-9）。但要注意视觉要素所处的边角以及实与虚的对比关系，在处理时应将文字和图案有机结合，增强美感。

图 2-4-10　拌饭包装

9. 综合式

综合式是指没有规则的构成方式，或者用几种构成方式综合统一地进行表现。综合式虽无定式可言，但也须遵循多样统一的形式法则，使之产生个性强烈的艺术效果。包装整合设计必须达到视觉上的一致性或协调性。协调性使整合设计显得有条理而和谐，使各种视觉传达元素处于一种有秩序的状态中，在各个元素共同作用下，激起消费者对商品的最大兴趣。但是，整合的协调性不应以一成不变的方式实现，这样会使得包装失去个性而变得乏味。设计师应将各视觉元素连接起来，应利用其潜在关系，进行组合，从而实现整体设计的协调性。

★ 思政课堂

包装在科技、时尚、文化、道德、价值观、人文内涵和时代元素等方面进行深入挖掘，设计师努力由"中国制造"向"中国创造"转变，让更多人认识中国创造的灿烂文明所具有的强大生命力，成为热爱专业、忠诚职业、传承文化、创新发展的践行者。

拓展知识

包装设计对于产品一直有着不可忽视的重要性，优秀的包装设计有很多，它们来自不同的产品、不同的表现形式、不同的国家地区。然而，万变不离其宗，除了本任务中提及的包装的构图形式外，还有一些构图形式：独立主体式、色块式、包围式、局部式、纯文字式、底纹式、标志主体式、图文组合式、融入式、徽标式、全屏式、局部镂空式等。

任务二 编排的基本要求与原则

学习指南

1. 掌握包装设计的版面编排的基本要求，对产品包装进行视觉形象要素的设计。

2. 掌握利用包装产品的编排原则进行视觉创意，提升对包装设计的综合编排能力。

3. 提升对产品包装的艺术审美能力。

任务引领

1. 包装中编排设计的基本要求是什么？

2. 包装设计中的版式必须遵循哪些整体要求？

精讲视频

在线精品课堂——编排的基本要求与原则

知识储备

一、包装中的编排设计

包装设计的版面编排设计，是指按照一定的视觉传达内容需要和艺术审美的规律，结合包装设计的具体特点，将商标、文字、图形、符号等诸多信息构成要素，按照一定的视觉逻辑有效地进行视觉组合编排，将特定的信息清晰、快捷、强烈有力地传递给受众。

二、包装中编排设计的基本要求

1. 编排设计与信息精确传达

(1)产品信息准确，杜绝声东击西、言此及彼。

(2)产品定位精准，切记要有针对性(目标消费人群)。

2. 产品信息真实可信

包装上所呈现的信息必须是真实可靠的，并且通过对信息内容的划分，使包装版面的视觉效果具有很强的条理性，能够有效地引导受众解读信息，而且还能保持视觉的连续性和信息传达的合理性。

3. 清晰可读

在琳琅满目的商品中，清晰、明确的信息编排能够帮消费者选择所需要的商品，因此研究和掌握信息编排的技巧有利于清晰准确地传达商品信息，达到吸引受众和促进销售的目的。清晰的商品名称直接向消费者呈现产品的内容，利用盒型结构的特点，增加展示面的视觉冲击力，鲜明的色彩表现出产品的特质，合理的文字准确地传达出商品的各类信息(见图 2-4-11)。

图 2-4-11　果汁包装

三、包装设计编排的整体要求

1. 设计要素的整体性

商品的色彩、图形、商标和文字，这些复杂的视觉要素均要体现在包装上，并要在众多的同类商品中快速传达出商品特性。所有这些形象在大小比例、位置、角度、所占空间等各个方面的关系处理是相当复杂的，而包装画面又多是较小的设计舞台，并要求在一瞬间就能简洁、明了地向消费者传递诸多信息。包装构成设计尤其需要强调构图的整体性，就像乐曲要设定基调一样，是活泼的还是严谨的，是华丽的还是素雅的，使画面形成整体的构图趋势。

2. 视觉语言的协调性

在包装视觉要素的整体安排中，应紧扣主题，突出主要部分，次要部分则应充分起到陪衬作用，这样各个局部之间的关系就能取得协调统一的效果。包装上除了文字，还有其他的色彩、图形等，这意味着各元素之间的关系同样需要相互协调。

3. 画面效果的生动性

在构成时增加一些变化，打破过于单调的局面，使构成关系生动活泼、新鲜明朗。构成时利用对比性原则，如形状的对比(曲直、方圆、大小、长短)、颜色的对比(冷暖、明暗等)、数量的对比(多少、疏密等)、质感的对比(松紧、软硬等)，以及空间的对比(虚实、远近等)(见图 2-4-12)。对比应有侧重点，不可一应俱全地强调各种对比。

图 2-4-12　坚果包装

四、包装设计的编排原则

编排是一种艺术形式，它服务于其他形象要素，但并非完全被动。同样的图形、文字、色彩等元素，经过不同的编排设计，可以产生完全不同的风格特点。编排在塑造商品形象中是不可忽视的形式之一，它依据设计主题的要求，借助其他形象要素，共同作用于整体形象。

1. 突出主题

由于包装设计是在很小的版面内设计，这需要设计者在所有需要表达的要素中，用一个或一组要素来发挥主题的作用，称之为主要形象，并通过各种手段，如位置、角度、比例、排列、距离、重心、深度等方面来突出这一主要形象(见图 2-4-13)。如果众多要素不分主次、不加选择地"全面"表现，就像文章没有重点，电影故事里没有主角一样，其结果就可想而知了。

图 2-4-13　瓜子包装

图 2-4-14　糕点包装

图 2-4-15　小馄饨包装

2. 主次兼顾

在包装画面诸要素的整体安排中，主要部分必须突出，次要部分则应充分起到衬托主题的作用，给画面制造气氛，加强主要部分的效果。而次要部分如何更好地衬托主题，如何达到主次呼应、整体协调的效果，则需要设计师精心地反复推敲。除了突出表现主体形象，设计师还必须考虑到主次各个方面中每个形象和要素之间的对比。例如，所有在侧面上重复出现的与正面相同的图形和文字形象，均不可大于正面上的形象，否则，整个包装会造成视觉混乱，破坏整体的统一。构图的主要技巧就在于设计者对各部分关系的处理(见图 2-4-14)。

3. 秩序表现

秩序的表现是把各个面和各个形象要素统一有序地联系起来，除了把握好各形象要素之间的大小关系，还要确定它们各自所占的位置并使各要素之间产生有机联系。要处理各形象要素之间的关系，一个比较有效的方法是以正面的主体形象和主体文字为基础向四面延伸，从而确定各个形象要素的位置(见图 2-4-5)。通过这种方法来安排各个面的形象要素，它们之间便产生了一种联系，加上主次关系恰当，便可产生统一有序的秩序感和形式感。

包装设计的编排形式同一般的平面设计的差别，在于商品包装是由多个面组成的包装造型，因而除了掌握一般的平面设计的编排原则和形式之外，关键在于处理好各个面之间的关系。

> ── 拓 展 知 识 ●
>
> **包装设计中常用的排版技巧**
>
> 在包装设计的创意探索中，几种巧妙的排版技巧被广泛采纳，它们不仅塑造了产品的独特个性，更深刻地传达了品牌理念与产品亮点。
>
> 1. 非对称美学：突破传统对称设计的框架，采用灵活的几何形态或 3D 渲染技术，为包装设计注入一抹不拘一格的灵动气息。这种设计手法犹如为包装披上了自由奔放的翅膀，生动展现出产品的活力与独特氛围。
>
> 2. 大字突显策略：巧妙运用大字体排版，搭配精心设计的字体大小对比，不仅使产品核心卖点跃然纸上，更赋予包装以饱满的视觉冲击力。简化背景与字体元素的和谐共存，营造出鲜明的对比效果，让产品卖点一目了然，直击消费者心灵。
>
> 3. 插画艺术魅力：随着品牌对个性化表达的追求，富有生机与风格独特的插画作品成为新宠。这些插画作品以其独特的视角和大胆的色彩运用，使品牌在众多同类产品中脱颖而出，成为吸引眼球的焦点。
>
> 4. 色块分割艺术：采用大块色块对画面进行创意分割，其中一块作为主视觉中心，其余色块则灵活承载产品信息或装饰性设计元素。这种设计手法不仅拓展了视觉层次，更促进了信息的有效传达与包装的审美延伸。

5. 包围式布局：将关键文字信息置于画面中心，周围环绕以丰富的图片元素，形成一种视觉上的"包围"效果。这种布局不仅强化了文字信息的中心地位，还赋予包装以活泼生动的视觉感受，使整体设计显得更加丰富多彩。

6. 镂空露点创意：设计师巧妙地运用镂空手法，让消费者得以窥见包装盒内的产品。这种设计不仅实现了画面元素与镂空部分的巧妙结合，更激发了设计师的无限想象空间，为包装增添了神秘感与互动性，让消费者在触摸与观赏中感受产品的独特魅力。

•••

【课堂实践】——文具类文创包装设计

实践内容 •

运用包装的视觉语言艺术，设计文具类文创包装。

•••

探究练习 •

1. 收集自己感兴趣的文化元素，可以从人文历史、地域资源、民俗风情等方面设计系统化的文创。

2. 文具类文创包装视觉艺术可以从文字、图形、色彩、编排方面进行表现。例如：文字可以进行夸张变化，图形可以结合文化元素进行创造，色彩搭配可以体现地域风情，整体编排要突出包装设计主题。

3. 作品以系列文具产品包装设计展示。可参考图 2-4-16、2-4-17 的优秀案例。

•••

优秀案例：

图 2-4-16　故宫文具文创图

图 2-4-17　敦煌文具文创图

模块三

包装造型结构工艺

知识目标

- 认识包装设计中常用的包装材料及容器造型。
- 了解包装容器造型的设计方法。
- 掌握包装设计中的纸盒结构与造型设计的基本结构。

能力目标

- 能准确分析不同的材料、容器的类型及特性。
- 能利用包装设计中常用的包装材料，进行包装设计。
- 能够对包装设计中的结构与造型进行突破和创新。

素养目标

- 提升对包装设计的审美能力。
- 提升动手实操的能力，提升三维空间思维能力。
- 提升对包装结构和造型的设计能力。

项目一　包装材料的特性与结构

项目描述

　　包装设计中的材料要素既包含对商品容量、重量、保护措施等方面的物理属性，也包含影响到商品包装的表面纹理和质感等的视觉效果。材料要素是包装设计的重要环节，它直接关系到包装的整体功能、经济成本、生产加工方式、视觉艺术处理及包装废弃物的回收处理等多方面的问题。

　　在众多的包装材料当中，纸与纸板作为包装材料不仅有着悠久的历史，而且占有相当大的比重。纸包装材料之所以有如此大的发展潜力，是因为它有着其他材料无法比拟的性能，可以满足各类商品的要求。例如，便于废弃与再生的性能，印刷加工性能，遮光保护性能，以及良好的生产性能和复合加工性能。社会的发展，新产品的繁荣，对纸包装结构形态不断提出新的要求。

　　包装材料特性及结构的相关知识和内容，通过研究材料的特性，解决包装结构设计的方法和手段，以此来实现材料与包装样式的完美结合。同时对纸包装及其结构的重点梳理，使学生能够从整体上把握包装工程的各个环节，为设计提供相应的指导和帮助。

包装造型结构工艺

任务一 包装与材料

学习指南

1. 了解不同的包装材料，明确包装设计中材料选择的原则。

2. 认识包装的不同材质与结构，理解包装中不同的造型设计。

3. 掌握包装工程的各个环节，实现材料与包装设计样式的完美结合。

任务引领

1. 包装材料有哪些？

2. 在包装设计中如何选择材料？

精讲视频

在线精品课堂——包装与材料

知识储备

一、包装与材料

在消费者心中，包装实体就是产品。商品包装的表面纹理和质感可以体现产品的情感属性。材料要素是包装设计的重要部分，它影响到包装的整体功能、经济成本及材料。

1. 认识包装材料

包装材料是指用于包装制造的容器、包装装潢、包装印刷、包装运输等满足产品包装要求所使用的材料，包括金属、塑料、玻璃、陶瓷、纸、竹本、天然纤维、化学纤维、复合材料等主要包装材料，又包括捆扎带、颜料、油漆等辅助材料。

2. 常用包装材料的种类

包装材料是包装的物质基础。只有了解各种包装材料的特性，才能选好与商品自身特质相匹配的包装材料。

按包装材料材质的不同，以下介绍几种常见的包装材料。

图 3-1-1　牛皮纸包装

图 3-1-2　塑料包装

图 3-1-3　金属包装

（1）纸包装材料

包括：彩盒、卡纸、外箱、纸托盘、牛皮纸（见图 3-1-1）。

优点：

①原材料来源丰富，价格较低廉；

②纸容器重量较轻，可折叠，有一定刚性和抗压强度，弹性良好，有一定缓冲作用；

③纸容器较易加工成型，结构多样，印刷装潢性好，包装适应性强；

④无污染，易回收或销毁。

缺点：

①阻隔性低，耐水性差；

②耐湿度、强度性能较低，但通过与其他包装材料组合使用，可在一定程度上获得改善。

（2）塑料包装材料

包括：泡沫、珍珠棉、胶袋（见图 3-1-2）。

优点：

①重量轻，透明，强度和韧性好，结实耐用；

②阻隔性良好，耐水耐油；

③化学稳定性好，耐腐蚀；

④成型加工性好，易热封和复合，包装适应性强，可替代许多天然材料和传统材料。

缺点：

①耐热性差；

②废弃物不易分解或处理，易造成环境污染。

（3）金属包装材料（见图 3-1-3）

优点：

①机械性能优良，强度高，刚性好，作容器可薄壁化和大型化，并适合用于大型沉重货物和危险品的包装；

②阻隔性能好，货架期长；

③成型加工性能好，制罐充填生产率高，印刷装潢美观。

缺点：

①易腐蚀，须镀层或涂层保护；

②材料价格较高。

（4）玻璃包装材料（见图 3-1-4）

优点：

①阻隔性好，可加色料改善遮光性；

②化学稳定性好，耐腐蚀，不污染内装物，可长期储存食品、饮料；

③光洁透明，造型美观；

④可回收利用，较环保。

缺点：

①容重比（容器自重与容量之比）大，质脆易碎；

②材料价格较高。

图 3-1-4　玻璃包装

二、包装材料的选用原则

在包装设计时，首先，我们应尽可能选择环保又高效的包装材料，这些材料便于回收、复用、再生。为了实现这一目标，我们需要不断探索和实践多种策略，包括通过先进的材料改性技术提升现有材料的耐用性和可持续性，积极引入并应用那些对环境友好的新型材料。其次，我们还应致力于提升包装材料的高性能与多功能性，确保在减少材料用量的同时，不降低对产品的保护效果与用户体验。再次，推动包装向轻薄化方向发展也是一项重要举措，这不仅能减少资源消耗，还能降低运输成本，进一步减轻对环境的压力。最后，进行适宜设计，避免过分包装，这样既节省了资源，又可减少废弃物的数量，从而减轻对环境的污染。

1. 良好的保护性能

保护被包装物品是包装最基本的功能，因此，要求包装材料具有一定的缓冲作用，耐磨、耐压、防水防油（见图 3-1-5）。

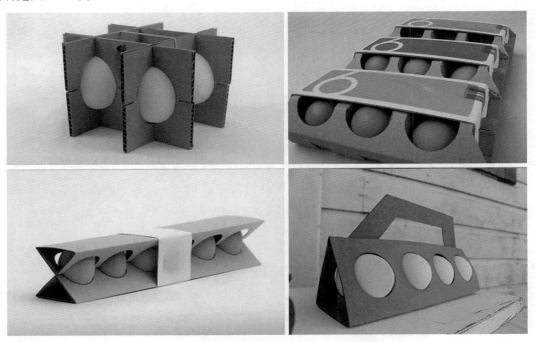

图 3-1-5　保护性的包装

2. 可靠安全的性能

包装材料本身应无毒（见图 3-1-6）。为了使被包装物品免受某种生物或细菌的侵蚀而遭到损害，包装材料应具有防鼠、防蛀、防虫、抑制微生物、防静电等性能。包装废弃物处理也要防止对人和环境造成污染。

图 3-1-6　安全的包装

3. 易于加工的性能

包装材料要便于加工，易制成各种包装容器（见图 3-1-7）。包装材料能够大规模生产，易于包装作业的机械化、自动化，便于印刷和装潢。

4. 经济方便的性能

包装使用后应易于处理，不污染环境，尽量选择来源广泛、取材方便、成本低廉，可回收利用、可降解、加工无污染的材料，以免造成污染（见图 3-1-8）。一些包装材料价格虽然高，但加工简便，工艺价格低，在选用时也可以考虑。例如，玻璃、塑料、金属为原材料的包装均可回收再利用。

5. 便于外观设计的性能

包装是商品的外衣，材料的色彩、肌理质地，对包装外观形态的构成都会起到相当大的影响，因此充分利用包装材料本身所具有的美感，并对材料的透明度、表面光泽度、印刷的适应性、吸墨性、耐磨性等进行有针对性的选择，有助于强化包装的视觉形象（见图 3-1-9）。

图 3-1-7　易于加工的包装

图 3-1-8　可回收的包装

图 3-1-9　香水的包装

6. 易于回收处理的性能

包装材料要尽可能选择环保材料，便于回收、复用、再生（见图 3-1-10）。包装材料的选择与应用的各方面是否合理，无论是材料的防护功能应用，还是材料的利用率，以及材料的审美价值展示，是否与商品功能需求完全吻合，这些方面，都存在合理与不合理、科学与不科学的问题。

图 3-1-10　灯泡的包装

------- 拓 展 知 识 •⋯⋯⋯⋯

　　包装材料的种类、型号、品质、规格繁多，如何选择应用于某一种商品的包装设计中，也是一门复杂的学问。它既不能单一地取决于设计者个人的偏好，又不能不考虑商品的需求及客观条件。因此，在选择与应用包装材料上，必须遵循适用、经济、美观、方便、科学的原则。

　　包装材料在整个包装工业中占有重要地位，是发展包装技术、提高包装质量和降低包装成本的基础。因此，了解包装材料的性能、应用范围和发展趋势，对合理选用包装材料，扩大包装材料来源，采用新包装和加工新技术，创造新型包装和包装技术，提高包装技术水平与管理水平，都具有重要的意义。

任务二   纸包装

学习指南

1. 了解纸包装结构设计要素，熟悉纸包装材料的种类与特性。

2. 认识纸包装的特性，运用包装的造型方法进行创意设计。

3. 提升对纸材料在包装设计中的应用能力。

任务引领

1. 纸包装的种类与特性有哪些？

2. 纸包装的不同结构基础和用途是什么？

精讲视频

在线精品课堂——纸包装

知识储备

一、了解纸包装材料

纸在包装材料中占据着第一用材的位置（见图 3-1-11），这与纸所具有的优点分不开。纸不仅容易大批量生产且价格低廉，同时，还能够回收利用，不对环境造成污染。

纸具有一定弹力，折叠性能优异，具有良好的印刷性能，字迹、图案清晰牢固。因此，纸包装材料越来越受到人们的重视。

纸包装材料依照不同特点可分为功能性防护包装纸和包装装潢用纸两类。功能性防护包装纸，如结实的牛皮纸、瓦楞纸，透亮的玻璃纸、硫酸纸等。包装装潢用纸，指适合印刷的纸。如铜版纸具有较高的平滑度和白度，广泛应用于高级糖果、食品、香烟等生活用品的包装。

图 3-1-11   纸包装

1. 纸包装材料的分类

纸在现代包装设计中，是用途较广，成本较低，可变性较强的包装材料之一，属于软性、薄片材料，常用来做包裹衬垫和包装袋、包装盒。纸板则属于刚性材料，能形成固定形状，常用来制成各种包装容器。以纸和纸板原料制成的包装，统称为纸包装。纸包装应用十分广泛，它不仅被大量用于食品、化妆品、百货、纺织、医药等商品的包装，还被用于五金、家用电器、电信器材、电脑用品的包装（见图3-1-12）。

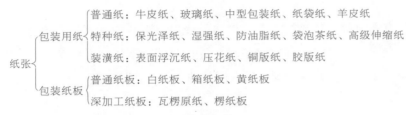

图 3-1-12

2. 包装用纸和纸板分类

包装用纸和纸板（见图3-1-13）是按定量来分的，即单位面积的重量，以 1 m²（平方米）的克数来表示。凡定量在 250 g/m²（克/平方米）以下的称为纸。若用厚度来区分，厚度在 0～0.5 mm 的统称纸，厚度大于 0.5 mm 的称为纸板。

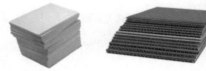

图 3-1-13 纸和纸板

国内通常使用的纸张规格为 787 mm×1092 mm（即整开），平均裁切两等份为 787 mm×546 mm（即对开），依此类推，分别为 4 开、8 开、16 开、32 开等（见图3-1-14）。

3. 包装材料纸的特性

纸原料充沛，价格低，无味、无毒。纸有良好的成型性和折叠性，加工性能良好，便于制作，适用多种印刷术，而且印刷的图文信息清晰牢固，精美，能给人很好的视觉效果。纸容易回收、再生、降解和进行废物处理，不造成污染，符合环保的要求，它是很好的绿色包装材料。

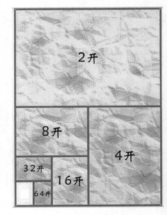

图 3-1-14 纸的尺寸

纸也有一定的弱点，例如：易受潮，易发脆，受到外力作用后易于破裂等。所以，在设计纸包装时，一定要充分发挥其优势，避免其弱点，使之达到既好看又好用的效果。

二、纸包装设计结构要素

纸包装的结构是点、线、面、体的组合（见图3-1-15），对于由平面纸板成型的折叠纸盒、粘贴纸盒与瓦楞纸箱这类纸包装，除上述之外，由于原料的物理特性，角也是一个十分重要的结构要素。

1. 点

在纸包装基本造型结构体上，有三类结构点：多面相交点、两面相交点和平面点。"点"的概念在几何学中没有方向、大小的分别，仅有位置意义。

图 3-1-15 纸包装

2. **线**

从适应自动化机械生产来说，纸包装压痕线可分为两类：预折线和工作线。点的延长和连续就是线。

3. **面**

纸盒(箱)面只能是平面或简单曲面，将线接连移动到一定位置就是"面"。

4. **体**

从纸包装的成型方式上看，其基本造型结构体可分为以下两类：旋转成型体，通过旋转而由平面到立体成型，管式、盘式、管盘式纸盒(箱)均属此类；对移成型体，通过盒坯两部分纸板，相对位移一定距离而由平面到立体成型，非管非盘式纸盒属此类。

5. **角**

相对于其他材料成型的包装容器，点、线、面等要素所共有的角是旋转成型体类的纸包装成型的关键。

三、纸包装结构图绘制常用符号

随着包装设计与制造领域的现代化进程加速，纸盒设计领域迎来了革命性的变革，其中计算机辅助设计与计算机辅助制造技术的兴起，为行业注入了前所未有的活力与效率。在此背景下，欧洲瓦楞纸箱制造商联合会与欧洲硬纸板联合会共同制定的国际标准线型规范，为包装结构图的绘制设立了明确而系统的指导原则，确保设计的一致性与高效性。下面简单介绍下绘制中的符号规定(见图3-1-16)。(纸盒包装结构设计规则适用于折叠纸盒、粘贴纸盒和瓦楞纸箱等。)

线　形	线形名称	规格	用　途
————	粗实线	b	裁切线
————	细实线	1/3 b	尺寸线
– – – – –	粗虚线	b	齿状裁切线
··········	细虚线	1/3 b	内折压痕线
–·–·–·–·–	点划线	1/3 b	外折压痕线
∿∿∿∿	破折线	1/3 b	断裂处界线
//////////	阴影线	1/3 b	涂胶区域范围
←→　↕	方向符号	1/3 b	纸张纹路走向

图 3-1-16　纸包装结构图绘制常用符号

四、纸包装设计三原则

1. **安全性**

作为纸包装设计的基石，安全性是首要考虑的因素。合理的结构设计和科学的材料选择能够确保包装在保护商品免受损害的同时，还能有效抵御运输过程中的各种挑战。在食品包装领域，这一点尤为重要，需特别关注食品加工环境的特殊性，如热量控制、温度管理以及密封与防潮技术的运用，以保障食品的品质与食用安全。

2. 便捷性

现代纸包装设计强调便捷性，致力于提升消费者的使用体验。优秀的包装设计应方便开启，便于重复使用，减少操作障碍。对于日用品，独立包装的设计不仅便于清洗，还能促进资源的有效利用。整体而言，美观与实用并重，旨在为消费者带来便捷、高效的使用感受。

3. 美观性

纸包装作为商品的"门面"，其审美价值不可忽视。通过巧妙的色彩搭配、纹理装饰及创意设计元素，可以赋予包装独特的视觉魅力，使产品在同类商品中脱颖而出。色彩对比、中性色系及精致小饰品的运用，都能提升包装的整体美感，加深消费者对品牌的印象。

在纸包装设计中，还应关注材料的节约性与可再利用性，以降低生产成本，减少资源浪费，并体现环境保护的理念。

> **拓 展 知 识**
>
> 包装设计要始终紧跟时代的步伐，才能保证不被现代社会所淘汰。因此，现代社会中产品的包装设计离不开科技文化的支撑与协助。现如今更多产品从生产到包装都采用电子设计、信息化生产，这些都为产品中包装设计的先进性、智能性、高效性奠定了坚实的基础。
>
> 总而言之，包装设计不能缺少文化底蕴的支撑。面对竞争如此激烈的商品经济市场，产品想要在市场上脱颖而出就要将包装设计中丰富的文化底蕴充分地展现出来。
>
> ●●●

任务三　折叠纸盒结构与造型设计的基本方法

学习指南

1. 掌握不同结构的包装设计，理解折叠纸盒包装结构的种类与设计要素。
2. 提升空间想象的能力，提升对折叠纸盒的设计能力。

任务引领

1. 在包装设计中折叠纸盒结构有哪些？
2. 折叠纸盒的不同结构用途是什么？

精讲视频

在线精品课堂——折叠纸盒结构与造型设计的基本方法

知识储备

一、折叠纸盒样式

包装纸盒种类繁多，结构复杂，一般可以分为折叠和黏合两大类样式。

折叠纸盒是应用范围最广，结构造型变化最多的一种销售包装容器。它是用厚度在 0.3～1.1 mm 间的马尼拉纸板、白纸板、挂面纸板、牛皮纸板、双面异色纸板、涂布白纸板和瓦楞纸板等耐折纸板制造，在装填内装物之前可以将板折叠进行运输和储存。常见的折叠纸盒有管式折叠纸盒和盘式折叠纸盒。

二、管式折叠纸盒

1. 定义

管式折叠纸盒从造型上定义，即 B（宽）$<L$（长）$<H$（高）的折叠纸盒；从结构上定义，即在纸盒成型过程中，盒体通过一个接头接合，盒盖与盒底都需要有盒板或襟片通过折叠组装、插、锁、黏等方式固定或封合而成的纸盒。

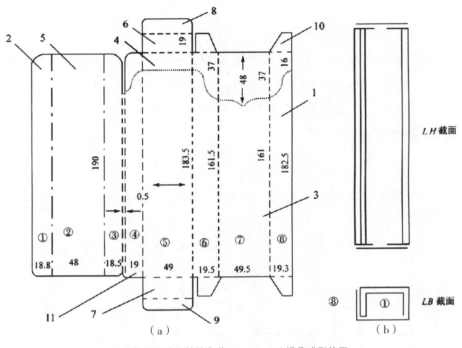

(a)结构设计图结构名称　　　　(b)折叠成型简图

1. 端内板　2. 后内板　3. 后板　4. 盖板　5. 盖插入襟片　6. 防尘襟片　7. 端板

8. 前板　9. 底插入襟片　10. 底板　11. 黏合板

图 3-1-17　管式折叠纸盒

2. 纸包装部件命名规则

(1)基础命名原则

通常情况下，若盒板面积恰好等于长度(L)与宽度(B)、长度(L)与高度(H)或宽度(B)与高度(H)的乘积，则直接称之为"板"。反之，面积小于上述任一组合的，则细分为"襟片"，以体现其尺寸上的细微差别(见图 3-1-17)。

(2)体板与盖板/底板的区分

在纸包装结构中，所有沿长度(L)与高度(H)方向延伸的板，以及沿宽度(B)与高度(H)方向延伸的板，统一归类为"体板"，它们共同构成了包装的主体框架。而沿长度(L)与宽度(B)方向延伸的板，因其常作为包装的顶部或底部，故特别命名为"盖板"或"底板"。此外，用于连接这些盖板或底板的较小部件，则称为"插入片"，它们确保了结构的稳固与密封。

(3)侧板、端板与前后的界定

在纸包装中，沿长度(L)与高度(H)方向延伸的板因其形似包装的侧面，故称之为"侧板"。而沿宽度(B)与高度(H)方向延伸的板，则因其位于包装的两端，被命名为"端板"。当一侧的侧板与盖板相连时，为便于识别，该侧板特别称为"后板"，其相对的另一侧板则相应地称为"前板"。

(4)多层结构的内部命名

对于采用多层设计的纸包装，其内部板件需进一步细化命名。例如，位于侧板内侧的板可称为"侧内板"(根据具体位置还可细分为"前内板"或"后内板")；同样地，位于端板内侧的板则命名为"端内板"；而位于底部的多层结构中的板，则称为"底内板"。这些命名有助于在设计和制造过程中准确区分各个部件。

(5)襟片的功能与连接命名

襟片作为纸包装中的重要组成部分，根据其功能的不同可分为"防尘襟片""黏合襟片"和"锁合襟片"等。此外，还可根据襟片所连接的板件名称进行命名，如"侧板襟片""侧内板襟片""端板襟片"或"端内板襟片"等，这种命名方式有助于直观理解襟片在包装结构中的作用和位置。

三、管式折叠纸盒主要类型

1. 插入盖盒

插入盖盒是最常用的纸包装(见图3-1-18)，盒盖盒底均由三部分组成：一个盖(底)板和两个防尘襟片。封合时盖(底)板襟片插入盒体，通过纸板挺度及纸板之间摩擦力进行封合，可包装家庭日用品、医药品等，既利于消费者购买时开启观察，又便于多次取用。为了克服盒盖盒底易自开的缺陷，同时便于机械化包装，常采用插入盖盒以增加锁合结构。

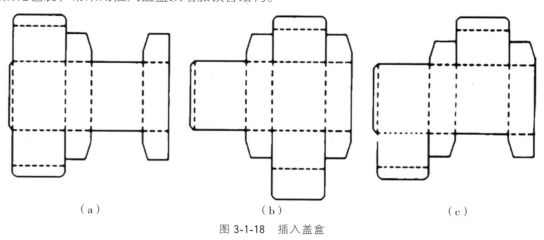

(a)   (b)   (c)

图 3-1-18 插入盖盒

2. 锁口盖盒

锁口盖盒的设计精妙之处在于其独特的锁合机制(见图3-1-19)，主要通过板锁头或锁头群的精密构造，精准地插入对应盖板的锁孔内，从而实现了封口的极致牢固与可靠性。这一特性确保了包装内容物的安全，在运输与储存过程中能够抵御外界的各种潜在威胁。然而，也正因为其卓越的密封性能，使得在开启时相较于其他设计略显不便，需要用户采取一定的操作技巧或辅助工具来打开。

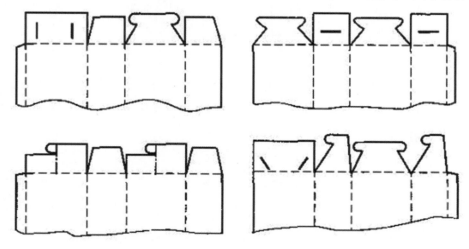

图 3-1-19 锁口盖盒

3. 插锁盖盒

插锁盖盒是插入与锁口相结合的封口结构(见图3-1-20)。插锁盖盒是一种特殊的包装盒结构,它的特点是盖子和盒体之间通过插锁结构进行连接,而不是传统的黏合或锁合。这种设计不仅保证了包装的密封性,还增加了开启包装的趣味性和安全性。

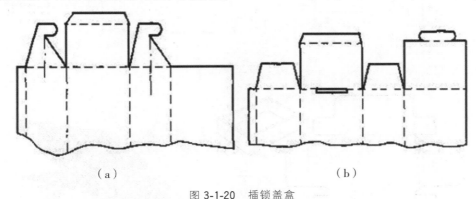

（a）　　　　　　　　　（b）

图 3-1-20　插锁盖盒

4. 正揿封口盒

正揿封口盒是一种常见的折叠纸盒结构,它的特点是包装操作简便,节省纸板并可以设计出许多别具风格的纸盒造型(见图3-1-21)。这种结构的封口是通过在纸盒盒体上进行折线或弧线的压痕,然后利用纸板本身的挺度和强度,揿下盖板来实现封口。正揿封口盒适用于装小型轻量的物品,例如小商品、月饼、小餐具等。

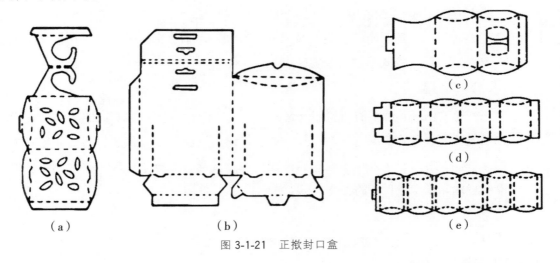

（a）　　　　　　　　（b）　　　　　　　　（c）

（d）

（e）

图 3-1-21　正揿封口盒

5. 摇盖盒

摇盖盒是比较常见的一种纸盒结构,相对其他盒型结构比较简单,将盒体某个体板的延长部分,设计成以体板顶边压痕线为轴线,能反复开启的连体盒盖(见图3-1-22)。

四、盘式折叠纸盒

从造型上看,盘式折叠纸盒是指盒盖位于最大盒面上的折叠纸盒,高度较低。从结构上看,盘式折叠纸盒是由一页纸板以盒底为中心,四周纸板通过角隅处的锁、黏或其他封闭方式折叠成主要盒型,此外,这种盒型的一个体板可以延伸组成盒盖(见图3-1-23)。

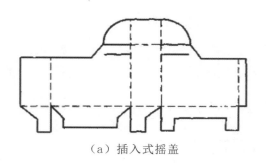
（a）插入式摇盖

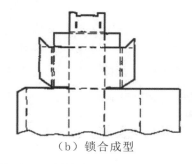
（b）锁合成型

（c）成品盒

图 3-1-22　摇盖盒

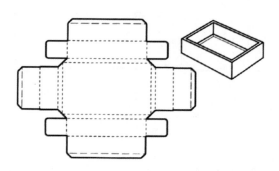

图 3-1-23　盘式折叠纸盒

五、盘式折叠纸盒主要类型

1. 摇盖盒

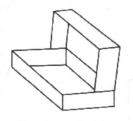

图 3-1-24　摇盖盒

摇盖盒具备可动的盖子，能够像摇盖一样轻松打开和关闭。这种设计不仅便于用户查看内部物品，还赋予了包装更多的展示性和吸引力，常用于礼品、化妆品及电子产品的包装，增添了仪式感和美观度（见图 3-1-24）。

2. 凸台盒

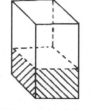

图 3-1-25　凸台盒

凸台盒则以其独特的凸起部分而命名，这些凸起可以是实心或空心，旨在稳固内部物品或提升盒子的整体美观度。凸台盒不仅增强了包装的立体感，还提高了对内部物品的保护性，常用于包装易碎或需要稳固支撑的商品，如电子产品和家居用品，确保了商品在运输和展示过程中的安全。（见图 3-1-25）

拓展知识

折叠纸盒功能性结构设计

1. 提手——为了方便消费者携带而设计的手提结构

提手要有足够的强度，安全可靠；尺寸合适，可提而不划手；高档包装纸盒的提手还应具有装饰性。

2. 展示结构——窗口

在窗口上贴透明塑料片或玻璃纸等，使内装商品得以展示。开窗结构有一面、双面、三面三种，开窗的位置要以充分展示商品为原则。

3. 展示结构——吊挂孔

在纸盒上设计吊挂孔，以便在货架上悬挂展示商品。吊挂孔与内装物重心应在同一条纵垂线上。

4. 易开结构

为使消费者方便地开启包装而设计的局部结构；易开结构的位置应合适，避免影响装饰图案的设计构成，同时利于使用，简单方便。

●●●

项目二　包装容器造型与形态创意

项目描述

　　包装造型设计是包装容器的造型设计与外包装形态设计的总称，是运用艺术与科学手段，使包装成为具有实用功能和符合美学原则的容器。

　　商品包装离不开包装的容器，包装的造型和结构设计是商品包装的一个重要组成部分。优秀的包装容器造型设计，不仅能容纳和保护商品、美化商品，促进商品的销售，而且还应该便于携带、便于使用、便于展销和便于运输。

　　包装容器造型的重要性主要体现在容器造型与装潢设计上。这两个方面相辅相成，一件漂亮动人的包装，基础在于容器造型的形态美，如果造型本身不美，即使包装再美也难以做到整体设计的美。

　　包装容器的造型设计是包装设计中不可忽视的重要环节。通过运用不同的构思方法，设计师可以创造出独具特色、能够吸引消费者注意力的包装容器设计。从简约与经典到自然与有机，从创意与趣味到传统与文化，从科技与未来到艺术与表达，再到定制与个性化，每一种方法都可以帮助设计师打造出满足不同消费者需求的包装容器设计。因此，在进行包装容器的造型设计时，设计师可以根据产品的特点和目标消费者的喜好选择合适的构思方法，以实现包装设计的最佳效果。

任务一　包装容器类型及造型的设计要点

学习指南

1. 了解包装容器造型的分类，掌握不同的包装材质所具备的特点。
2. 掌握不同的容器造型分类，能根据产品的特性选择合适的材质。
3. 提升审美情感，树立创新意识。

任务引领

1. 包装容器造型有哪些分类？
2. 不同的包装材质具备哪些特点？
3. 不同的包装容器造型体现了什么样的情感？

精讲视频

在线精品课堂——包装容器类型及造型的设计要点

知识储备

一、包装容器的造型类别

包装容器造型是包装设计的重要组成部分，要根据产品的实际需要，使用一定的材料、结构和技术手段，设计出既符合产品本身功能要求，又兼具便利和审美的包装。包装容器的材料不同、器型多样。

1. 包装容器形态分类

包装容器按形态可分为箱、桶、瓶、缸、罐、袋、捆、杯、盘、碗、壶、碟、盒等（见图 3-2-1、图 3-2-2、图 3-2-3）。

2. 包装容器用途分类

包装容器按用途可分为轻工产品类容器、化妆品类容器、食品类容器、药品类容器、生活日用品类容器等。

图 3-2-1　盒装包装

图 3-2-2　瓶装包装

图 3-2-3　杯状包装

3. 包装容器结构分类

包装容器按结构可分为便携式、开窗式、易开式、透明式、悬挂式、堆叠式、组合式等类型(见图 3-2-4、图 3-2-5)。

图 3-2-4　组合式包装

图 3-2-5　便携式包装

图 3-2-6　纸包装容器

图 3-2-7　塑料包装容器

4. 包装容器材料分类

包装容器按材料可分为以下 6 类。

(1)纸包装容器

纸包装容器有一定的强度和弹性，能有效地保护产品；宜于各种方式生产，可用手工，也适于机械化大规模生产，且生产效率高，结构变化多，可以设计出各种不同的形式；纸及纸板的折叠性强，容易加工；材料易于吸收油墨和涂料，印刷性能优良；占用空间较小，便于运输和储存；成本低廉；可以回收利用(见图 3-2-6)。

(2)塑料包装容器

塑料包装容器是指将塑料原料经成型加工制成，用于包装物品的容器。塑料包装密度小、质地轻，透明度可根据产品的特性而定；易于加工且可大批量生产；塑料品种多，易于着色且色泽鲜艳，包装效果好；耐腐蚀、耐酸碱、耐油、耐冲击，并有较好的机械强度(见图 3-2-7)。

(3)玻璃包装容器

玻璃包装容器是玻璃料在吹制、成型等工序之后形成的一种透明容器，透明性好，易于造型，具有特殊的美化商品的效果。玻璃的保护性能优良，坚硬耐压，具有良好的阻隔性、耐腐蚀性、耐热性和光学性能(见图 3-2-8)。

（4）陶瓷包装容器

陶瓷是陶器和瓷器的总称，它是指以黏土为主要原料与其他天然矿物经过粉碎混炼、成型、煅烧等过程制成的各种制品。陶瓷的化学稳定性与热稳定性均好，能耐各种化学药品的侵蚀，热稳定性比玻璃好，在250℃～300℃时也不开裂，耐温性能优良(见图3-2-9)。

图 3-2-8　玻璃包装容器

图 3-2-9　陶瓷包装容器

（5）木质包装容器

木质包装容器是指以木材为原料制造，并用于产品包装，是最古老的包装容器之一，木材在包装方面的用量仅次于纸包装容器。以木材为主要原料进行加工而成的产品包装容器就是木质包装容器，机械强度大，刚性好，抗机械损伤能力强；弹性好，抗冲击性强；木材耐腐蚀性强；材料可回收再利用(见图3-2-10)。

（6）金属包装容器

用金属薄板制造的薄壁包装容器就是金属包装容器。它有极好的阻气性、防潮性、遮光性；外观华丽美观、时尚典雅；工艺较成熟，加工性能好；材料可以循环使用，减少环境污染；耐压强度高，不易破损；耐高温、耐虫害、耐有害物质侵蚀(见图3-2-11)。

图 3-2-10　木质包装容器

图 3-2-11　金属包装容器

二、容器造型的设计要点

1. 保护性

在设计时，设计师主要从内容物的属性特点和运输、贮存方面加以考虑，不使内容物在运输、贮存、销售过程中，因外力碰撞而受损，同时还要使内容物在一定时间内不致产生化学变化或受到侵害。

2. 便利性

在设计时，设计师应考虑使消费者方便携带、开启、闭合、使用等方面因素，同时，还要结合内容物的用途、属性、使用对象、使用环境等方面因素加以考虑(见图3-2-12)。

3. 独特性

在设计时，设计师应使容器造型富有美感与艺术个性，要注意产品的属

图 3-2-12　眼药水包装便利性

性与独特造型的和谐性，不致产生一些歧义。

4. 人体工程学性

在设计时，设计师要考虑到人们在使用过程中手或身体的其他部位与容器造型的和谐比例关系，使之更便于人们使用。

5. 工艺性

在设计时，设计师还要充分考虑到加工工艺的特点，从加工难度、工艺层次、材料应用、加工成本等方面作详细的核算。

拓 展 知 识 •

包装容器造型的功能主要体现在以下几个方面。

1. 物理功能：包装容器造型在质地、性能、结构等方面对商品起到保护作用，这种保护功能是包装容器造型的基础。

2. 便利功能：包装容器不仅要在生产和流通过程中考虑到便利性，还需要考虑到消费者在使用时的方便性和安全性，这被称为便利功能。

3. 心理功能：包装容器造型在形态、色彩、质感等方面直接影响到消费者的感觉，能够引起消费者的注意和心理活动，甚至可以激发消费者的购买欲望，这就是包装容器造型的心理功能。

4. 审美体验：包装容器造型也是一种空间艺术，它能创造出美观的形态，给消费者带来美的感受，这是包装容器造型所提供的物质和精神双重价值的表现。

5. 功能性：包装容器造型需要遵循一定的设计原则，如制作工艺、生产成本、运输、盛装容量等实际因素。

6. 传递信息：包装容器造型不仅能保护商品，还能传达商品的信息，影响消费者对商品的认知和选择。

7. 情感表达：包装容器造型在商品包装与商品之间起到连接的作用，能够激起消费者的情感共鸣，增强品牌的情感表达力。

任务二　包装容器造型的设计方法

学习指南

1. 掌握包装容器造型的设计方法。
2. 掌握包装容器造型设计的创新方法。
3. 掌握根据产品特性设计人性化的包装容器造型的能力，提升包装容器造型设计能力。

任务引领

1. 包装容器造型有哪些设计方法？
2. 包装容器造型设计创新有哪些方法？

精讲视频

在线精品课堂——包装容器造型的设计方法

知识储备

　　包装容器造型设计，既要体现容器盛装、保护物品、方便使用的实用功能，又要体现包装容器的审美功能。容器造型变化形式很多，只有掌握科学的设计方法，才能设计出适用且富于变化的造型。在设计包装造型时，设计师要充分利用新工艺、新材料、新手段，以本土文化为根基，结合现代设计的理念，以使包装容器获得新的视觉感受。

一、包装容器造型的设计方法

1. 线性法

　　线性法是在包装容器造型设计中，追求外轮廓线的变化，以及表面以线为主要装饰的设计手法。由于线本身具有情感因素，因此能给容器带来不同的视觉效果(见图 3-2-13)。

　　线性设计的方法，要充分利用线所具有的个性情感，以适当的方式，来体现商品本身的属性，使包装容器除了具有功能性以外，还要有一定的语意

图 3-2-13　线性法包装

图 3-2-14   面、体构成法包装

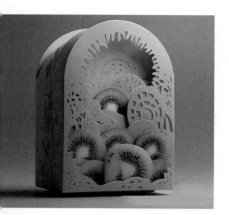

图 3-2-15   对称均衡法包装

图 3-2-16   节奏与韵律法茶包装

图 3-2-17   仿生法蜂蜜包装

图 3-2-18   肌理法茶包装

性和符号性，使受众在很短的时间内，通过对包装的感觉，便能体会到产品的特性和传达的产品信息。

2. 面、体构成法

包装容器造型，由面和体构成，通过各种不同形状的面、体的变化，可构成不同形态的包装容器。构成形态不同，产生的包装容器形态也不相同，所传达的情感也不同。在设计时包装形态主要取决于产品本身的属性和形态（见图 3-2-14）。

3. 对称均衡法

对称法以中轴线为中心轴，两边等量又等形，使人得到良好的视觉平衡感，给人以静态、安稳、庄严、严谨的感受，但有时显得过于呆板。平衡法用以打破静止局面，而追求富于变化的动态美，两边等量但不等形，给人以生动、活泼、轻松的视觉美感，具有一种力学的平衡美感（见图 3-2-15）。

4. 节奏与韵律法

节奏是有条理、有规律变化的重复。韵律是以节奏为基础的协调，比节奏更富于变化之美。运用节奏与韵律的手法，可使整体的造型设计具有音乐般的美感，使造型和谐而富于变化（见图 3-2-16）。

5. 仿生法

通过提取自然形态中的设计元素，或直接模仿自然形态，将自然物象中单个视觉因素，从中抽取出来，并加以突出，形成单纯而强烈的形式张力。也可将自然物象的形态作符号化处理，以简洁的形态加以表现。如模仿人体优美曲线的香水瓶，模仿各种花卉的造型，模仿动物形，模仿人、物的造型如心形、钻石形等。运用这种手法设计的造型，栩栩如生，使人爱不释手（见图 3-2-17）。

6. 肌理法

肌理法一般可分为三种，真实肌理、模拟肌理和抽象肌理。

（1）真实肌理

真实肌理是物象本身表面的特性，这种特性可激发人们对材料本身特征的感觉，如光滑或粗糙、温暖与冰冷、柔软与坚硬等。例如，图 3-2-18 的茶包装，包装的外形是一个毛笔的笔头，把茶的韵味与书法巧妙结合在一起。

（2）模拟肌理

模拟肌理是一种平面上的写实技巧，旨在通过视觉错觉呈现肌理效果，巧妙地营造以假乱真的感官体验，从而达到逼真的模拟效果。例如，图 3-2-19 的肌理法香蕉牛奶包装。

（3）抽象肌理

抽象肌理是对模拟肌理的图形化，对物象的抽象表达。它常显示一些真实表面肌理的特征，又根据特定要求做出适当的调整、概括、提炼处理，使其更加清晰，更具有纹理特征，更符号化。例如，图 3-2-20 中的肌理法玉米包装。

图 3-2-19　肌理法香蕉牛奶包装

图 3-2-20　肌理法玉米包装

图 3-2-21　系列法食品包装

7. 系列法

系列法可以更好地营造品牌形象，这种方法在变化中求统一，统一中求变化。例如，图 3-2-21 中同一系列的包装容器造型，在造型结构上统一或不变，只是图案有所变化。

8. 虚实空间法

在包装容器造型设计中，能充分利用凹凸、虚实空间的对比与呼应，使容器造型虚中有实，实中有虚，产生空灵、轻巧之感(见图 3-2-22)。

9. 表面装饰法

在包装容器的表面，可以运用装饰物来加强其视觉美感，既可以附加不同材料的配件或镶嵌不同材料的装饰，使整体形成一定的对比，还可以通过在容器表面进行浮雕、镂空、刻画等装饰手法，使容器表面的美感更加丰富(见图 3-2-23)。

图 3-2-22　虚实空间法化妆品包装

二、包装容器造型设计的创新

创新是设计进步和发展的动力。在包装设计中，一件包装要想吸引消费者的注意力，商品的包装要想在众多竞争对手中脱颖而出，就必须具有鲜明的个性设计。对包装容器造型进行创新，有利于展示商品形象，增强商品的市场竞争力，为产品创造出更大的销售市场。

1. 以人为本，创造个性，创新发展

优秀的包装设计应该是功能性和审美性的高度统一。市场的不断变化，要求设计者不断更新包装。设计者要使自己设计的包装紧跟流行趋势，掌握市场需求，迎合消费心理，则需要在广泛的调查研究的基础上，与厂家和消费者沟通，达到准确定位，创造个性设计。例如，饮料类包装容器的容积是根据人能一次喝完的基本标准来设计的，既不浪费商

图 3-2-23　表面装饰法鞋盒包装

品，又便于消费者携带(见图 3-2-24)。

图 3-2-24　便携牛奶饮料小包装

2. 运用仿生手法对包装容器进行设计创新

仿生设计是以自然界万事万物，如山川气象、花草树木、鱼虫鸟兽，甚至人类的"形""色""音""功能""结构"等为研究对象，有选择地在设计过程中应用这些特征原理进行的设计，为设计提供新的思想、新的原理、新的方法和新的途径。设计师以自然形态为基本元素，把握自然物的内在活力与本质，通过提炼、抽象、夸张等艺术手法的表现，运用到容器设计上，传达事物本身内在结构所蕴含的生命力量，使包装容器设计既具有质朴纯真的视觉感受，又蕴含丰富的艺术审美价值。例如，图 3-2-25 中的仿生竹子造型纯净水包装，利用竹子的仿生造型巧妙地体现了本款纯净水产于山泉竹林。

3. 通过提高附加值来保障包装容器的设计创新

随着经济的快速发展，人们开始追求情感化、个性化消费，追求自我实现、人有我优的满足。包装容器设计也要迎合不同层次的消费者不同的消费心理需求，增加产品的附加值。即在产品的原有价值的基础上，通过生产过程中的有效劳动创造新的价值，以提高商品的附加值。以独到的设计创意使其在同类产品中居于领先地位，用特定的产品视觉形态表现产品的功能品质与人的个性价值诉求，使之具有高度和谐性，以此在激烈的市场竞争中占有优势并获利。例如，图 3-2-26 中的附加值包装趣味包装盒，合理利用纸包

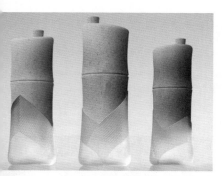

图 3-2-25　仿生竹子造型纯净水

装，巧妙地把拼图设计于其中，在保护商品的同时增加了趣味性。

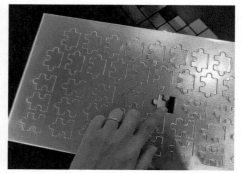

图 3-2-26　附加值包装趣味包装盒

4. 结合传统元素和现代审美来进行包装容器的创新设计

每个国家在其发展的历程中都会形成具有各自特色的传统文化。任何民族的设计都不能离开其特定的文化体系。随着经济的高度发展，有的人认为传统文化落伍了，企图摆脱传统文化的束缚，然而民族性与世界性是相辅相成的，现代包装设计与传统文化不应该相互割裂，而应该相互渗透，才能创造出具有民族特色的现代包装。在设计实践中，不能仅仅拷贝民族的图案就视其为民族化设计，而应该在设计中融入民族文化的精神实质，如自然和谐的造物原则、中轴平衡的布局式样等，或者对传统

文化符号以打散、重组等现代设计手法重新演绎，使民族传统文化在新的时代获得新的认同，使具有民族风的包装造型焕发出更加迷人的风采。例如，图 3-2-27 中具有民族风的茶包装，合理运用黄色与紫色，结合中国传统文化元素的龙图腾，设计师巧妙设计出具有民族风格的茶包装。

图 3-2-27 民族风格的茶包装

5. 积极运用新材料、新工艺来进行包装容器的设计创新

设计与技术是相辅相成的，设计师不要被技术所限制，要运用技术使设计锦上添花。设计师在新技术、新工艺上创新可以为包装容器的设计提供更为广阔的天地。例如，美国一家公司悉心研究设计了一种带有自动冷却装置的新型汽水罐，它改变了我们对于传统罐装饮料的惯性思维，这种汽水罐附有一个漏斗形的微型储气筒，里面密封了用作冷却的二氧化碳，罐盖与储气筒用细管连接。例如，图 3-2-28 中新工艺手拉面的包装设计，利用新型手工纸与手工拉面巧妙结合，使拉面的造型与纸艺造型完美结合。

创新意识是设计过程中的一个重要环节，也是设计行业一个永恒的话题。商品的包装设计创新应该既清晰地传达信息、展现品质、独特出众，也表现市场定位和文化内涵。容器设计是包装设计系统中的重要组成部分，是保证平面设计的载体和进行结构设计的基础，是进行包装设计的重要一环，因此，包装设计师应当从宏观上进行设计定位，然后进行合理的设计创作，才能创作出优秀的包装设计作品。

图 3-2-28 新工艺手拉面包装

★ 思政课堂

面对新的工作需求，设计师总是要寻求新的思路，在创新工作思路和改进工作方法上，主要应关注以下方面。

1. 多变思维。面对新的问题，设计师应保持开放的思维，从多角度、多方面思考问题，找出最佳解决方案。

2. 拓宽视野。尝试广泛阅读，设计师及时了解新的知识，比如说最新的技术、行业发展趋势等，扩大自己的视野、激发创造性的想法。

3. 交流协作。不断积累经验，设计师与他人共享想法，多多沟通交流，借助他人的资源和能力，合作解决问题，发掘更多的可能性。

4. 实践操作。将想法转变为行动，多模拟实验，设计师积极自我实践，了解各种可能性，积累经验，提高工作水平。

拓 展 知 识　●

如何才能做出有创意的包装盒设计？

1. 研究目标受众

我们要了解目标受众是谁，他们是什么年龄段、性别、兴趣爱好等。这将有助于我们设计出符合他们偏好和需求的包装盒。

2. 突出产品特点

我们应该突出产品的特点和卖点，了解产品的特性和价值主张，将其融入包装盒的设计中。

3. 创意思维

我们要发挥创意思维，尝试不同的设计方案。可以通过头脑风暴、草图或数字工具来尝试不同的设计理念。不要局限于传统的设计模式，要大胆尝试新颖的形状、颜色、材质和图案。

4. 简洁而有力的信息传递

我们应该清晰地传达产品的信息，包括品牌标识、产品名称、特点等。我们要避免在包装设计时呈现过多的信息，应保持整体设计的清晰度。

5. 与品牌形象一致

包装设计应与品牌形象保持一致，传达出正确的品牌价值观和风格。我们可以使用品牌的标志性颜色、字体和图案，确保包装盒与其他品牌材料的一致性。

6. 注重可持续性

考虑到环保的重要性，我们应尽量设计可持续使用的包装盒，选择可回收、可再利用或可降解的材料，并鼓励用户进行回收和再利用。

7. 与产品相互补充

包装设计应与产品相互补充，形成一个完整的视觉效果。我们在设计时要考虑产品的形状、大小和特点，从而设计与之相匹配的包装盒。

8. 创造互动性

我们在设计时可以考虑在包装盒的设计中加入互动性元素，让用户参与其中。例如，我们可以设计一个拼图或迷宫样式的包装盒，让用户在拆包过程中获得乐趣和满足感。

● ● ●

项目三 包装的印刷与制作

项目描述

　　包装印刷是以各种包装材料为载体的印刷，在包装上印上装饰性花纹、图案或者文字，以此来使产品更有吸引力或更具说明性，从而起到传递信息、增加销量的作用，包括包装纸箱、包装瓶、包装罐等的印刷。包装印刷在印刷行业与包装行业都占有很大的比重，是包装工程中不可缺少的一环。有凸版印刷、平版印刷、凹版印刷、丝网印刷、孔板印刷等印刷方法。印刷的主要要素有纸张、油墨、色彩等。包装印刷需顾及经济性、环保性等问题，并需要同时能够完整、良好地表达需要印刷的信息。

　　我们主要学习包装生产工艺与制作的基本知识，掌握纸包装生产工艺基础方法，了解其他包装容器类型的生产与制作。学习内容与训练项目知识有：印刷流程与工艺制作、认识其他包装形式、玻璃容器生产与制造。

　　精美的包装同时也离不开包装印刷，包装印刷是提高商品的附加值、增强商品竞争力、开拓市场的重要手段和途径。设计者应该了解必要的包装印刷工艺知识，使设计出的包装作品更加具有功能性和美观性。

包装造型结构工艺

任务一 包装的印刷种类

学习指南

1. 认识包装印刷的种类，理解不同印刷方式的工作原理和特点。

2. 掌握印刷种类，能区分不同的印刷品种类。

3. 理解印刷工艺，提升对印刷技术的兴趣与爱好。

任务引领

1. 包装印刷的种类有哪些？

2. 不同印刷技术的工作原理有哪些？

3. 不同的印刷方式的特点有哪些？

精讲视频

在线精品课堂——包装的印刷种类

知识储备

　　包装印刷是以各种包装材料为载体的印刷，在包装上印上装饰性花纹、图案或者文字，以此来使产品更有吸引力或更具说明性，从而起到传递信息、增加销量的作用，包括包装纸箱、包装瓶、包装罐等的印刷。印刷的主要材料有纸张、油墨、色彩等。包装印刷需经济、环保，同时能够完整、良好地传达信息。印刷技术一般分为两种：数字印刷与传统印刷。

一、数字印刷

　　数字印刷是无版印刷，主要是利用印前系统将图文信息通过网络传输到印刷机上印刷出成品，无须制版，一张起印，可及时纠错。数字印刷是不同于传统印刷繁杂工序的一种全新的印刷形式。数字印刷不需要印刷底版，具有永久性记忆信息的功能。

二、传统印刷

　　传统印刷一般是指有版印刷，按版面分类，可分为平版印刷、凹版印刷、凸版印刷和丝网印刷。

1. 平版印刷

平版印刷也叫胶版印刷，通过滚筒式胶质印膜，把沾在胶面上的油墨转印到纸面上去。它是利用水墨不相溶的原理进行印刷，在印刷滚筒上，先沾上水，润湿印版，再涂上油墨，由于空白部分亲水憎墨，图文部分着墨拒水，这样就使得空白部分全部被水湿润，再上油墨时，就只有图文部分沾墨了。

书报杂志、海报、地图、挂历、精美画册等一般使用平版印刷（见图3-3-1）。

图 3-3-1　平版印刷案例

2. 凹版印刷

凹版印刷是指把整个印版涂满油墨，再用刮板把空白部分的油墨处理干净，使油墨只存留在图文部分中的凹陷部位，再在较大的压力作用下，把油墨转移到承印物表面；所印图画的浓淡层次，是凹坑的大小及深浅决定的，凹坑越深，则含油墨越多，相

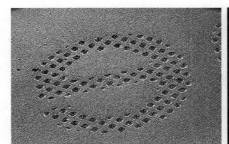

图 3-3-2　凹版印刷案例

反凹坑越小，所含油墨的量也就越少（见图3-3-2）。

凹版印刷做出来的成品，不仅墨层厚实，颜色鲜艳、饱和度高、印版耐印率高，而且其印品质量稳定、速度又快，在印刷包装及图文出版领域占据重要地位。凹版印刷一般应用在邮票、有价证券、精美画册等对印刷质量要求较高的产品上。

3. 凸版印刷

通过印刷版进行的印刷，印刷部分是凸起的，高于空白部分，印刷时油墨会附在凸起的印刷版上，空白部分则因低下而不会沾到油墨，然后使承印物与印版接触，经过一定的压力，使印版上印刷部分的油墨，转印到承印物上而得到印刷成品（见图3-3-3）。

凸版印刷的成品，油墨表现力好，色调丰富，可应用的纸张类型也很广泛，但是它的制版费高，印刷费也高，不适合少量印件。凸版印刷主要应用在包装装潢材料、书报杂志等产品上面。

图 3-3-3　凸版印刷案例

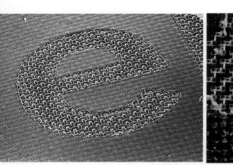 

图 3-3-4　丝网印刷案例

4. 丝网印刷

丝网印刷又叫孔版印刷，原理是利用丝网镂孔版和印料，经刮印得到图形；印刷时通过刮板的挤压，使油墨通过图文部分的网孔，转印到承印物上，继而得到与原稿一样的图形（见图 3-3-4）。

它的应用十分广泛，无论是硬物、软物、平面的，还是弯曲、球面的，都可以作为承印物。丝网印刷不仅可以单色印刷，还可以进行套色、加网彩色印刷；由于丝网印刷具有漏印的特点，所以各种油墨和涂料都可以使用。

拓 展 知 识 •

　　印刷包装的详细工序包括设计与排版、制版与印刷准备、印刷、后道加工、质量检验与包装、物流与交付以及售后服务。每个环节的工作都至关重要，只有各个环节紧密配合，才能保证印刷包装的质量和效果。印刷包装作为商品的外在形象展示，对于企业的品牌形象和销售效果有着重要的影响。因此，印刷包装工艺和质量的提升是印刷包装行业发展的重要方向。通过不断引进先进的设备和技术，加强质量管理，提高工人技能水平，可以更好地满足客户的需求，推动印刷包装行业的发展。

• • •

任务二 包装的印刷与制作工艺

学习指南

1. 了解不同种类印刷品需要的印刷技术，以及印刷的工作过程与制作工艺。
2. 掌握根据印刷品需求恰当选择印刷技术的能力，完成印前的系统工作。
3. 掌握包装印刷与制作工艺，培养良好的制作包装造型的能力。

任务引领

1. 包装印刷的工作过程是什么？
2. 包装印刷都有哪些印刷后期制作工艺？

精讲视频

在线精品课堂——包装的印刷与制作工艺

知识储备

包装设计要求"以终为始"，设计师为设计出成功的包装设计作品，应该仔细考虑各项生产要求(见图 3-3-5)。设计师必须了解该包装设计要以何种形式印刷制作。印刷是一项前后关联的工作，从一开始设计，就要对包装的形式、选材、图形、色彩、文字以及后期的加工工艺，进行综合考虑。经过反复推敲、修改成较为正式的初稿，提交给客户审查直至完稿。

包装的印刷工作过程分为印前系统和印后系统两大类。

一、印前系统

印前系统是由设计稿到完成印刷制版的过程，也称为印刷前期。

印前系统的流程一般是设计—制版—印刷—模切，其中设计就是利用计算机设计软件，进行产品包装的图案设计与排版，包装图案设计完成后进行制版，然后再进行印刷(见图 3-3-6、图 3-3-7、图 3-3-8)。

图 3-3-5 设计

图 3-3-6　制版　　　　　　　　　　图 3-3-7　印刷　　　　　　　　　　图 3-3-8　模切

二、印后系统

印后系统主要是为了美观和提升包装的特色，在印刷品上进行的后期效果加工，主要有烫印、上光、上蜡、浮出、压印、扣刀①等工艺。利用各种常见的印刷工具实现图案的印刷，最后才是模切为成品。

三、印刷五大要素

印刷一般情况下有五大要素：原稿、印版(制图)、油墨、承印物、印刷机械。下面一起来研究印刷前期的准备工作。

1. 原稿

原稿也称为正稿或者印刷稿，是将设计理念经过复制程序复制出来。原稿质量的优劣，直接影响到印刷的质量，在整个印刷、复制过程中，要尽量保持原稿的格调，因此选择和设计适合的原稿至关重要(见图 3-3-9)。

2. 印版(制图)

制图是指根据色彩稿的意向，通过计算机来进行实际尺寸的制作，图纸中各个元素的关系，应当是比较精确的数据。同时，与客户进行详细而良好的沟通，尽量模拟出实物的形象和气氛，以供参考，从中发现问题并进行修改(见图 3-3-10)。

图 3-3-9　原稿　　　　　　　　图 3-3-10　印版(制图)　　　　　　　　图 3-3-11　油墨

3. 油墨

油墨是用于印刷的重要材料，它通过印刷或喷绘将图案、文字表现在承印物上(见图 3-3-11)。将连

---

① 扣刀又称压印成型或压切，当包装印刷需要切成特殊的形状时，可通过扣刀成型。

接料(树脂)、颜料、填料、助剂和溶剂等成分经均匀地混合后反复轧制，形成一种黏性胶状流体。油墨常用于书刊、包装装潢、建筑装饰及电子线路板材等各种印刷。

4. 承印物

承印物是指能接受油墨或吸附色料并呈现图文的各种物质，其种类繁多，大致可分为纺织品、纸张、塑料、皮革、标牌、玻璃、线路板等。在选择承印物时，需要考虑其与油墨的相容性、印刷效果以及最终用途等因素(见图 3-3-12)。

5. 印刷机械

印刷机械是印刷机、装订机、制版机等机械设备和其他辅助机械设备的统称，这些机械设备都有不同的性能和用途(见图 3-3-13)。印刷机械根据凸版、平版、凹版、孔版及特种印刷的不同需要和原稿的种类制成印版，主要分为文字制版机械和图像制版机械两大类。

图 3-3-12　承印物

四、印刷工艺

包装印刷过程中几种常见印刷工艺有：覆膜、烫金(银)、UV 喷墨打印、凹凸压印。我们先来看一下最常见的覆膜。

1. 覆膜

覆膜，又称"过塑""裱胶""贴膜"等，覆膜是以透明塑料薄膜通过热压覆贴到印刷品表面，起保护及增加光泽的作用，可使图文颜色更鲜艳，也起到防水、防污的作用。覆膜已被广泛用于书刊的封面、画册、纪念册、明信片、产品说明书、挂历和地图产品，对其进行表面装帧及保护(见图 3-3-14)。

图 3-3-13　印刷机械

2. 烫金(银)

烫印，其制作原理是将金属印版加热；施箔，是在印刷品上压印出金色文字或图案。烫银和烫金差不多，只是所选用的材料不同，烫金会使表面呈现金色光泽(见图 3-3-15)，而烫银则会使表面呈现银色光泽。

烫金、烫银的特点：图案清晰、美观，色彩鲜艳夺目，常被用于商标的印刷。

图 3-3-14　镭射覆膜工艺

3. UV 喷墨打印

UV 喷墨打印是一种通过紫外光干燥、固化油墨的印刷工艺，是印刷行业最重要的印刷工艺之一。其特点是能增加产品的光泽度和艺术效果，较好地突出图文部分的细微层次和图文轮廓(见图 3-3-16)。

4. 凹凸压印

利用凸模板(阳模板)，通过压力的作用，将印刷品表面压印成具有立体感的浮雕状的图案，叫作起凸；压凹是利用凹模板(阴模板)通过压力作用实现(见图 3-3-17)。

图 3-3-15　烫金工艺

图 3-3-16　UV 喷墨工艺

图 3-3-17　凹凸压印工艺

★ 思政课堂

　　秉承严谨精细的工匠精神，在产品包装设计课程上，设计师首先需要具备精益求精的学习和工作态度。无论在当前学习阶段，还是日后走上工作岗位，设计师都应当将这种态度严格贯彻到底，落实到产品包装设计工作的每一个环节。好的学习工作心态，是做好产品包装设计工作的前提和保障，能够给予设计师自身源源不断的学习工作能量和动力，促使自身一步一步做好点滴工作。

●●●

拓展知识

　　设计制造一件好的包装装潢印刷品，需要设计、制版与印刷三者密切配合，缺一不可。书籍是传播文化和信息的一种载体，包装纸盒是保护和美化被包装物的一种载体，它们都是一种将文字、图片、印刷工艺等元素高度统一的载体。消费者由于年龄、文化、职业、民族的不同而产生审美上的差异，设计制作时也要有所区分。书籍的页面和包装纸盒的图文并茂向来是消费者喜爱的方式，加上如今快餐式的文化消费特点，催生了所谓"读图时代"的来临。纯文字的书籍和只有文字没有图案的包装纸盒已越来越少，图文混排的特点就要求设计人员要将图文处理和印刷设计方面的知识有机地结合起来。今天，印刷工艺已渗透到书籍设计各个领域之中，翻开书籍的历史，书籍始终伴随着印刷技术的革命而创新。

●●●

【课堂实践】——食品类包装造型设计

实践内容

　　运用纸质材料，结合食品特征，利用包装结构设计不同的包装造型。

●●●

探 究 练 习

1. 选定食品包装产品，分析食品的具体特征，量身定制适合产品的包装结构。

2. 根据造型设计的基本方法，进行食品类包装造型的创意设计。

3. 绘制出 2~3 种不同包装造型的结构平面图并折叠完成。可以参考图 3-3-18、图 3-3-19 中的优秀案例。

优秀案例：

图 3-3-18 优秀案例 1

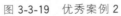

图 3-3-19 优秀案例 2

模块四

包装创意设计
综合实训

知识目标

- 了解产品包装的历史发展与文化背景。
- 掌握运用传统文化进行特色包装的设计定位。
- 掌握不同产品包装的创意设计表现方法。

能力目标

- 能巧妙运用传统文化中的视觉设计要素进行包装再创造。
- 能创新设计以传统文化为载体的产品包装。
- 能将传统文化与现代包装设计相融合体现产品的地域传统文化。

素养目标

- 提升挖掘传统文化进行再创造的能力。
- 提升创新实践的职业能力。
- 提升对地域特色包装设计的关注度，传承民族文化，增强对本土文化的热爱。

项目一　茶类包装创意设计

项目描述

　　茶文化，是中国最具代表性的文化之一。千百年来，茶文化几经传承、历练、蜕变，焕发出别样的光彩和魅力。茶，与人们日常生活息息相关。茶文化历史悠久，是中华民族具有世界性影响的非物质文化遗产（以下简称"非遗"）。所以，我们在进行茶包装设计的过程中，必须对茶文化有所了解。

　　随着茶叶的历史发展，茶叶消费市场的扩大，茶叶的包装也趋于多样化，各种包装设计技术的出现有力地推动了中国茶产业的持续健康发展。茶包装是茶在购买、销售、存储流通领域中确保茶质量的关键，一个精美别致的茶包装，不仅能给人以美的享受，而且能直接刺激消费者的购买欲望，起到提升销量的作用。

学习指南

1. 提升认知能力，提升审美，端正实事求是的学习与工作态度，提升自己对民族文化的传承意识。

2. 了解茶包装的消费趋势，认知各类茶包装的消费对象与设计表现方法，掌握系列包装设计特点和茶类包装的设计理念。

3. 会正确使用茶包装的材料，熟练操作商品包装设计的标准，能进一步了解茶包装的工艺技术，能巧妙运用地域传统文化创新设计茶包装。

项目引领

1. 你了解茶的起源与发展吗？

2. 以地域传统文化为载体，如何设计具有人文气息的茶类包装？

3. 如何创新设计结构独特且亮眼的茶类包装？

任务一　茶类包装市场调研

任务要求

茶最初的故乡在中国，而茶叶的发展在国内历时悠久，经过数千年的文化沉淀，现已被视为"国饮"，有中国人生活的地方就会有茶文化的推广。随着时代变迁，人在选购茶叶时，除了考虑茶的品类和特征外，其包装设计也成了人们评判茶叶价值和档次的考量因素。茶类包装更像是一种对茶文化观念的传播，一种价值取向的表现形式。那么，如何去设计传统和现代的茶类包装呢？

一、茶类包装设计市场调研方法

(1)网络调研：通过相关网页和论坛，了解茶的起源发展和茶类包装设计的案例。

(2)实地调研：前往超市、茶叶专卖店等实地观察和比较不同品牌的茶类包装设计，辨别不同地域的人偏好的茶类包装。

二、茶类包装设计市场调研内容

(1)了解茶的起源、茶的发展，认知茶叶的发展历史，了解现代茶类包装设计的风格特征、材质选择及其实用价值。

(2)掌握茶类包装设计特点和各茶类包装的消费对象，更贴切地了解茶包装设计的分类特点以及设计要素的运用情况。

(3)从市场需求、消费群体等多方面切入，了解市场上茶包装设计的发展趋势、主题特色、视觉艺术等内容。

小组协作填写表 4-1-1 茶类包装调研内容表。

表 4-1-1　茶类包装调研内容表

消费群体	
包装材质	
包装类别	
市场需求	
设计风格	

计划准备

茶类包装有众多品牌和种类，有的包装千篇一律，有的包装具备独特的设计风格。根据前期准备，小组协作进行茶包装的市场调研，完成表 4-1-2 学生调研任务表。

表 4-1-2　学生调研任务表

项目		班级	
组长		成员	
调研时间		调研地点	
成员分工			
调研品牌			
茶的历史			
现状分析			

任务二　茶类包装设计定位

任务要求

文化是人类历史实践过程中所创造的物质财富和精神财富的总和。茶文化的历史在我国源远流长。早在唐朝，我国就已开创了世界上最早的茶学，茶逐渐超出了作为饮品的范畴，融入了灿烂悠久的中华文明，成为中华文化不可或缺的部分。因此，在进行茶类包装设计的过程中，要充分考虑文化的因素。

由于茶的特性，文化、绿色、低碳、环保成为许多茶类包装设计师所推崇的设计理念。茶本身的特点决定了设计框架，但决定茶类包装元素的是消费者。

一、产地定位

各种茶叶都有其原产地，比如西湖龙井在杭州，普洱茶在云南，铁观音在福建，等等。在进行茶类包装设计的过程中，要充分考虑茶叶产地文化的特色。可以提炼优美的地方风光，概括浓郁的民俗风貌，也可以是独特的地方神话，将地域传统文化因素表现在设计中，让人从包装的图案、色彩等要素传达的信息中马上就能识别茶叶的品种与产地。

二、文化定位

不同品种的茶叶给人不同的口感、不同的文化感受。绿茶清新爽口，传递清高淡雅的感受；红茶强烈醇厚，传递华丽高贵的感受；花茶浓醇爽口，传递芳香满溢的感受。不同茶种的这些特别文化品质，在进行包装设计时要充分考虑。茶包装设计作为沟通商品和消费者的桥梁纽带，它必须根据茶种的文化品质，给消费者传达适宜的商品特性。

三、风格定位

中国的文字源远流长，具有很强的形象美，并达到了艺术的境界。在茶类包装设计中，用书法作为视觉元素来传达茶文化，是有其独特韵味的。茶类包装上用书法文字传达东方情调，同时又不偏离中国的茶文化，深受中西方消费者的喜爱。

商议决策

开门七件事，柴米油盐酱醋茶，喝茶是生活必备。随之而来的，茶类包装设计同样能体现茶文化，一份合格的茶类包装设计，十分讲究色彩搭配。茶类包装的设计只有第一眼足够具有视觉冲击力，才能吸引更多的目光。茶类包装设计风格古朴浑厚，多以表现茶文化的诗词、书画为载体，充满了浓郁的传统文化气息。在版面的构成和色彩搭配上，也以传统美学为指导。根据市场调研和设计定位，我们要考虑好茶类包装中的整体设计，要合理地利用地域传统文化进行再创造，实现产品和文化的高度融合，另外，也要根据消费者偏好来选择不同的包装结构与材质，使包装更加安全方便、绿色环保。以小组为单位，通过商议，完成表4-1-3。

表 4-1-3　包装设计记录表

序号	包装设计	具体要求	备注
1	设计元素		
2	结构材质		
3	视觉装潢		
4	陈列展示		

任务实施

　　茶叶的种植加工遍布全省，每个地区对茶叶的种植和加工方式都有所不同。同时，我国各族人民又有着各种不同的饮茶习俗，因而形成了各地区特有的本土茶道。地方特色茶包装设计中所体现的地域传统文化特征能够为茶赋予特定的文化内涵，能够提升地方特色茶的档次和品位，地域传统文化特征可以使地方特色茶具有历史感，容易使消费者信赖。根据前期调研，小组合作填写表4-1-4。

表 4-1-4　茶类包装设计定位表

序号	设计定位	具体实施	备注
1	地方特产		
2	消费人群		
3	设计风格		

任务三　茶类包装创意设计

任务要求

　　中国传统茶叶包装在设计上通常将协调、平衡、中庸、天人合一、自然的文化内涵体现出来。在色彩运用上，多根据茶的属性选择包装用色，多以蓝、绿、黄色为主色调，基于传统文化的影响，黑白两色较少会用来做包装底色。绿色富有很好的辨识度，同时又能够使人们感觉很舒服，多用来体现绿茶的清逸出尘。因为受到中国"中和之美"文化概念的影响，很多平面设计公司在茶叶包装设计上，多以"方"为贵，对长短有具体的讲究，做到四平八稳，体现着饮茶人稳重成熟的特征。

　　在外包装设计的构图上，"对称"意识也十分强烈，要求左右对称、上下视觉保持平衡，形成完整且有秩序的韵律感，使整体感觉沉稳中透着大气。在茶叶包装设计的图案选择上，多采用古代窗棂的图案、龙形图案、书法字体等以传达中国古典气韵。

　　我们来欣赏两个优秀的设计案例。

　　第一个优秀设计案例主要用到了中国传统文化礼仪(见图 4-1-1)。中国自古就是礼仪之邦，注重礼尚往来。"仁、义、礼、智、信"，其中"礼"是中国儒家思想最经典、最辉煌的一页，影响深远，备受推崇。送礼可以作为表达自己的感情，加深与别人间沟通和交流的一种方式。

　　茶道以"和"为最高境界，中国民间茶礼，反映了国人这种重情谊、重和睦的优秀品德，亦充分表达了茶人对孝文化"老吾老以及人之老，幼吾幼以及人之幼"的和谐价值的追求。

　　茶之本在人，人之本在孝，故茶道之中始终贯穿着中华民族的孝道精

图 4-1-1　茶包装图例

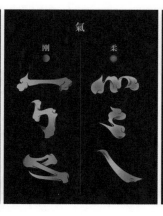

图 4-1-2　"姓氏的礼"图例 1

神。从孝道的"忠、孝、廉、节"到茶道的"廉、美、和、敬"，我们不难发现，茶道源于孝道，茶道体现孝道。

案例中充分挖掘景隆号品牌的孝道文化基因，一盏茶，饱含了许多的亲情与感恩。

茶中有孝道，一品而知人间情。百善孝为先，传统的孝道文化数千年来一直影响着整个华夏民族。要打造中国人熟悉的高级感，需要十分注重视觉效果。万里茶道文化＋孝道文化＝景隆号高端文化茶礼。

第二个案例设计基于中国百家姓，"姓氏的礼"这款茶叶品牌包装设计（见图 4-1-2、4-1-3），是以汉字姓氏为文化根源，通过不同的载体，衍生出不同类型的礼品。赠送礼物，代表着尊敬、祝愿等美好的祝福，相互馈赠礼物，已经是社交生活中常见的礼节。"姓氏的礼"在姓氏的字体设计上，将姓氏中独有的"精、气、神"展现出来，让百家姓拥有新时代的新感觉。在字体笔画的处理上，以气味为主要出发点，搭配毛笔书写中"筋骨血脉"的书写方式，创造出姓氏笔画的刚和柔。为了突显每个姓氏的独一无二，在设计过程中，对每个姓氏字体的笔画都进行了细节处理，通过细节设计，赋予每个姓氏字体独一无二的属性。

图 4-1-3　"姓氏的礼"图例 2

包装外形为方形长条，精心设计的姓氏字体放置于包装封面的最中间位置，周边是代表"精、气、神"的祥云，构成文字的横竖撇捺等笔画散落在祥云周边，看似杂乱，却十分有韵味。右上角的"礼"字为多个大小一致的星星构成，侧面则是用祥云包围星星"礼"字，进一步表示这是送礼的好选择。白金版包装设计图案元素与常规版一致，不同的是颜色的运用，白金版祥云为银色，与字体和笔画的金色形成对比，更显得大气。

★　　　　　思政课堂

《百家姓》作为中国的文化遗产，是极其宝贵的文化宝藏，源远流长。《百家姓》，作为中国传统文化其中一环，代表着一个家族血缘关系的标志和符号，流传至今，影响极深，它所辑录的姓氏，还体现了中国人对宗脉等的强烈认同感。《百家姓》在历史的衍化中，为人们寻找宗脉源流，建立宗脉意义上的归属感，帮助人们认识传统的亲情。

任务实施

请你通过设计定位，探究地域传统文化的设计元素，大胆构思，设计具有人文气息的创意茶包装，不论是包装的造型，还是包装的图形，运用形式美等法则展开设计，并完成表 4-1-5。

表 4-1-5　创意设计应用表

序号	创意设计	设计应用	备注
1	文字		
2	图形		
3	色彩		
4	编排		
5	工艺		

注：形式美法则是人类创造美时总结的规律，涵盖对称均衡的和谐、单纯齐一的纯粹、调和对比的丰富、合理比例的视觉愉悦、节奏韵律的动态美感，以及变化统一中的和谐共生，共同指导我们如何塑造美的形式。此处是对整体设计的形式美观性打分。

任务检查

茶类包装设计中，学生对于整个任务实施过程中的问题进行自我检查与评估，在完成包装的结构设计、视觉设计等后进行综合讨论和认定。请每组自我检查完成表 4-1-6。

表 4-1-6　项目任务检查表

序号	检查项目	评估结果
1		
2		
3		

展示评价

各组代表展示本项目的包装设计作品，介绍茶类包装中所运用到的地域传统文化元素、设计理念等整体的包装创意，完成表 4-1-7。

表 4-1-7　包装设计作品展示表

项目名称	
小组成员	
设计理念	
作品展示	

　　小组通过作品展示，依据本项目的具体任务和评价标准，自己、同学、教师评价本次项目的学习成果，完成表 4-1-8。

表 4-1-8　项目综合评价表

序号	具体任务	评价标准	自我评价	同学评价	教师评价
1	市场调研	能够准确分析茶类包装设计现状(10 分)			
2	设计定位	能够结合茶类包装的特性定位包装产品(10 分)			
3	创意设计	能够运用素材进行创意构思设计，进行再创造(20 分)			
4	色彩搭配	能够进行合理的色彩搭配，突出主题(20 分)			
5	结构设计	能够选择合适的材料来设计恰当的包装结构(20 分)			
6	整体编排	能够利用形式美法则编排视觉元素(20 分)			

拓展提升

　　1. 收集不同地域的茶文化包装，了解其设计的背景及文化。

　　2. 挖掘更多文化亮点，将其巧妙地运用到茶类包装设计中。

项目二 日用品类包装创意设计

项目描述

　　日用品又名生活用品，是普通人日常使用的物品，如家居食物、家庭用具及家庭电器等。按照其使用范围可划分为生活必需品、奢侈品，按照其用途划分为洗漱用品、家居用品、炊事用品、装饰用品、化妆用品、床上用品。其中，洗漱用品包括肥皂、香皂、沐浴露、洗发露、梳子、镜子、卫生纸等。我们都知道，包装不仅具有保护商品的作用，更重要的是好的包装往往更能有效抓住消费者眼球，促进消费者产生购买欲望。

　　日用品包装设计项目旨在提出具有吸引力、实用且环保的包装解决方案。项目涵盖从食品、化妆品到个人护理产品等多种日用品的包装设计，注重品牌形象的传达和产品信息的清晰展示。设计过程中，我们需考虑包装的识别性、美化功能以及实现销售功能，通过精巧的造型、合理的结构和醒目的商标等元素，刺激消费者的购买欲望。同时，项目强调低碳理念和环保材料的应用，以减少对环境的影响，满足市场对绿色包装的需求。最终目标是设计出既美观又实用，且符合可持续发展要求的日用品包装。

包装创意设计综合实训

学习指南

1. 提升自己挖掘传统文化再应用的能力；提升发现问题、解决问题的能力。

2. 了解日用品的种类，掌握日用品类包装的设计方法。

3. 能准确根据日用品的种类定位包装类型，并利用文化元素进行日用品包装的设计。

项目引领

1. 生活中有哪些日用品类型，它们在包装设计上有哪些特征？

2. 如何准确定位日用品包装的设计？需要考虑哪些因素？

3. 如何设计一款时尚新颖且符合主题的日用品包装设计？

任务一　日用品类包装市场调研

任务要求

一、日用品类包装设计市场调研方法

1. 网络调研：通过相关网络，搜索有关日用品的包装设计案例。

2. 实地调研：前往超市、实体店等实地调研不同品牌的日用品包装设计。

3. 书籍调研：通过书籍、论文等查阅相关资料。

二、日用品包装设计调研内容

1. 了解日用品的分类、用途、产地、特色等信息。

2. 了解不同种类日用品的包装、材质、种类等信息。

3. 了解不同区域、不同性质的日用品的包装设计特征、文字信息、图案信息、色彩信息等。

4. 从市场消费、客户认可度等多方面入手，了解市场上日用品包装设计的发展趋势。

小组协作填写表 4-2-1 日用品包装调研内容表。

表 4-2-1　日用品包装调研内容表

日用品类型	
产地特色	
消费群体	
包装材质	
视觉元素	
包装类别	
设计风格	

计划准备

　　日用品包装种类繁多，不同的产品有各自的用途和包装特色，根据前期准备，小组协作进行日用品包装设计的市场调研，完成表 4-2-2。

表 4-2-2　学生调研任务表

项目		班级	
组长		成员	
调研时间		调研地点	
成员分工			
调研产品			
现状分析			
项目期望			

任务二　日用品类包装设计定位

任务要求

　　非遗与地域生态和人文环境密不可分，因而具有提炼地方文化标识、促进地方文化消费的优势。近年来，在各类博览会、展销会、国际交流活动中，非遗设计频频出圈，引发社会关注。在各类文化产品乃至不同领域的消费品中，非遗元素也往往是点睛之笔，易引发消费热潮。非遗点燃了人们对于一方文化的兴趣与向往，因此，本次任务中日用品包装要以非遗文化元素为核心，以地域传统文化特色为卖点，进行全方位的定位与创意设计，整体提升日用品类包装设计的审美与内涵。

一、日用品包装设计要求

　　1. 吸引消费者注意：日用品市场竞争激烈，包装设计需要能够吸引消费者的注意力，使其在众多产品中选择该产品。

　　2. 与产品特性相符：包装设计应与产品特性相符合，能够准确传达产品的用途、功能和特点。

　　3. 易于辨识：包装设计应使消费者能够轻松辨识产品，包括产品名称、品牌标识等。

　　4. 安全和保护：包装设计应考虑产品的安全和保护，保证产品在运输和储存过程中不受损坏。

　　5. 环保和可持续性：包装设计应考虑环保和可持续性，选择可回收、可再利用或可降解的材料，减少对环境的污染。

　　6. 文化特色：结合当地传统文化特色进行设计定位。

二、产地定位

　　不同的地域、不同的民族会有着文化与生活习惯的差异，地域传统文化这种包装设计是重要元素。不同的地域与原材料也有着一定的差异。在日用品包装设计中可以利用当地特有的一些材料、工艺、包装方式、文化符号等进行设计。

三、产品特色与消费者定位

　　企业在制定营销策略时，关键在于精准把握产品特色与消费者定位，通过深入调研，洞悉目标消费者的需求、偏好及痛点，为产品开发提供有力支持。在明确消费者定位后，企业可运用成分定位、功能定位、情感定位、关联定位、竞争定位及多重定位等策略，凸显产品特点，以满足不同消费者的需求。同时，紧跟市场变化与行业趋势，不断创新，以保持竞争优势并赢得消费者长期支持。

四、品牌定位

　　品牌定位是以品牌为核心的设计表现策略，主要通过品牌文化、品牌的视觉形象来表现，在包装的主体画面上，将品牌的标志、品牌名、品牌象征性图形、品牌象征性色彩等应用于包装设计之中，通过消费者对品牌的认可和信赖来促使消费者购买品牌产品的一种策略。

商议决策

设计应以文化为核心，推动设计升级。由知识化为技能，由技能化为实物，日用品类包装设计作品蕴含了价值观念和文化底蕴。在设计包装时，结合文化元素，我们可以从包装设计的视觉元素、材质、组合类型、产品特色、产地特色、环保等方面进行，实现日用品和文化的紧密结合。请通过小组商议完成表 4-2-3。

表 4-2-3　日用品类包装设计记录表

序号	包装设计	具体要求	备注
1	文化特色		
2	产品类型		
3	视觉元素		
4	结构材质		
5	视觉装潢		
6	陈列展示		

任务实施

推动"文化＋设计"的创新融合，不仅可以让设计有意趣、有风韵、有高级的美感，更有助于文化和当代社会的连接，起到对中华优秀传统文化整体性保护的作用。因此，日用品包装是很好的承载文化元素的设计载体，让人们每天在使用日用品的时候，感受本地特色和文化的魅力。根据前期调研，小组合作填写表 4-2-4 日用品类包装设计定位表。

表 4-2-4　日用品类包装设计定位表

序号	设计定位	具体实施	备注
1	产品特征		
2	文化元素		
3	消费人群		
4	设计风格		

任务三　日用品类包装创意设计

任务要求

随着社会的发展，大多数日用品的包装也是越加精美，不管是大品牌还是小品牌，都很重视自己产品的包装的视觉效果。本着艺术品实用化、实用品艺术化的宗旨，将文化元素融入日常生活，赋予该产品双重身份的魅力，更能吸引消费者眼球，激发消费者的购买欲望。

一、文字设计

日用品包装视觉表现的文字一般以品牌标准字及品名的字形为要点，辅以成分、数量、规格、使用方法等文字信息形成整体，主要有基本文字、资料文字、说明文字、广告文字等。文字设计的准则可归纳为内容清晰、排列优美、个性突出。字体设计应考虑清晰性，也要具有一定的文化及审美性。同时，对于整段文字的编排设计也是日用品包装形象的另一重要因素。

二、色彩设计

事实证明，只有那些容易被人发现，又容易被人记住的包装设计，才是我们追求的好设计。为了达到这一点，在用色方面，结合文化元素的色彩特征进行设计，在设计时除了尽量保持单纯和简练之外，还应特别注意用色方面的对比度、明度以及纯度。适当的对比度可以使色彩效果明朗清爽、层次清楚、主次分明，给人以良好的印象，让人容易记住，也容易唤起人们对它的记忆。

三、图形设计

图形是日用品包装设计中受关注的重点，通过创意设计使其进入消费者的记忆和认知中，因此，要充分合理地认识文化元素，并选出合适的元素符号进行设计。日用品包装设计中常见的图形形式有商品形象的直接运用，即用不同的手法把商品形象展示出来，使消费者对日用品的形象有较为清楚、具体的认识。另外，也有商品形象的间接表现，常用的方法是在画面上，选用一些与商品的性能、原料、产地等内容相关的形象进行设计。

案例 1：图 4-2-1 案例是一款手工皂的设计。此款香皂产自云南傣族，而此款手工皂的包装设计则充分利用本地特色，将傣族手工纸运用于本地生产的手工皂中。傣族的传统手工纸制作技艺也已经有了上千年的历史。在 2006 年，传统的傣族手工纸工艺被

图 4-2-1　傣族手工纸手工皂包装

纳入国家级非物质文化遗产名录和云南省第一批非物质文化遗产保护名录。傣族手工纸如今在傣族日常生活中主要用于抄写经书、制作油纸伞、日常生活中的书画剪纸等。此款手工皂设计将传统与现代相结合，使消费者在使用手工皂的同时欣赏傣族非遗文化——傣族手工纸。

案例 2：图 4-2-2 案例是一款蜀绣丝巾的设计。这款丝巾是中国非物质文化遗产产品，包装采用中国古代传统的书画卷轴形态设计，将产品装入卷轴。手绘插图是由多个刺绣人物组合构成为一个熊猫形态，传递出中国传统手工刺绣过程中的复杂与珍贵。

图 4-2-2　国家级非遗蜀绣丝巾文创包装设计

同时，该作品整体形成了一幅中国山水意境的画面，表达东方文化蜀绣的内在意韵。该包装在丝巾产品取出之后，也可以作为中国传统的装饰画挂起来，进行二次利用，减少浪费，更加环保，这样也更持久地展示了蜀绣。

★ 思政课堂

　　我国广袤的乡村是非遗植根的土壤，也是非遗施展力量的舞台。非遗将文化传承与产业发展融合起来，立足于中华优秀传统文化的核心内涵，运用现代思维，打造富有乡村特色的产业体系，用老手艺讲述新故事，以小物件改变大生态；在引领乡村文明风尚的同时，激发乡村内生动力，拓宽乡村发展道路，描绘乡村新面貌。

任务实施

　　通过前期的设计定位，基于当地文化特色，小组结合产品特征，探究当地特有的地域传统文化非遗设计符号，创造具有人文气息的日用品包装设计。请小组协商完成表 4-2-5。

表 4-2-5　创意设计应用表

序号	创意设计	设计应用	备注
1	文字		
2	图形		
3	色彩		
4	编排		
5	工艺		
6	材质		

任务检查

日用品类包装设计中，学生对于整个任务实施过程中的问题进行自我检查与评估，通过完成包装的结构设计、视觉设计等多方面进行综合的讨论和认定，在对比纠错中寻找进步和差异。请每组自我检查，并完成表 4-2-6。

表 4-2-6　项目任务检查表

序号	检查项目	评估结果
1		
2		
3		

展示评价

请各组代表展示本项目的包装设计作品，介绍在包装设计中所运用的文化信息、视觉元素、设计理念等，完成表 4-2-7。

表 4-2-7　包装设计作品展示表

项目名称	
小组成员	
文化信息	
视觉元素	
设计理念	
作品展示	

通过作品展示，依据本项目的具体任务和评价标准，请自己、同学、教师分别评价本次项目的学习成果，完成表 4-2-8。

表 4-2-8　项目综合评价表

序号	具体任务	评价标准	自我评价	同学评价	教师评价
1	市场调研	能够准确分析日用品类包装设计现状(10 分)			
2	设计定位	能够结合日用品包装的特性定位包装产品(10 分)			
3	创意设计	能够运用素材进行创意设计构思，进行再创造(20 分)			
4	色彩搭配	能够进行合理的色彩搭配，突出主题(10 分)			

续表

序号	具体任务	评价标准	自我评价	同学评价	教师评价
5	结构设计	能够选择合适的材料来表达恰当的包装结构(20分)			
6	整体编排	能够利用形式美法则编排视觉元素(20分)			
7	绿色环保	能够结合区域特色，充分利用本地材质进行绿色设计(10分)			

拓展提升

1. 搜集中国四大区域的地域传统文化包装设计产品，分析当地文化特色以及当地的包装设计特色。

2. 挖掘更多的地方特色文化，巧妙运用到日用品类包装设计中。

项目三　化妆品类包装
创意设计

项目描述

随着人们审美需求的不断提高，传统的彩妆包装已经不能满足人们的审美需求。为了满足市场的需求和消费者的口味，需要设计新的创意包装来吸引消费者的眼球。

化妆品包装中，立体、豪华、有设计感是一个卖点，包装选用不同的材质和造型，搭配独特的纹饰，能够帮助产品在市场中占据一席之地。

包装是化妆品品牌形象重要的组成部分，它的设计和质量直接影响到消费者对品牌的认知和信赖度。因此，化妆品品牌需要一批高质量且美观大方的包装，以提高品牌形象和用户体验。

化妆品包装材质应当符合国家相关标准，要环保、无毒、无异味、耐用和易于清洁。商家希望通过包装设计塑造出具有品牌特色的形象。因此，包装设计应当符合品牌设计风格和品牌标识，采用有创意的设计语言，能达到良好的视觉效果和辨识度。包装质量应该有良好的密闭性，既要能够有效地避免产品受到阳光等外界因素影响，还要能够防止产品在运输过程中受到损坏。

包装创意设计综合实训

学习指南

1. 提升自己创新实践的能力，树立高尚的职业道德，提升自身艺术修养，增强服务意识。

2. 了解化妆品包装设计的发展趋势、设计目的、属性、材料与工艺，能巧妙运用视觉设计要素进行包装再创造，能准确定位化妆品系列包装设计的品牌理念及品牌形象，掌握化妆品包装设计的设计方式。

3. 具备合理的选择和应用化妆品包装材料和包装技术的能力，能够准确分析化妆品包装所应用的设计元素，能设计具有人文气息的彩妆系列包装。

项目引领

1. 了解市场上化妆品包装的设计风格，并分析不同风格的化妆品系列包装的创意理念。

2. 如何设计定位以非遗文化为载体的化妆品包装？

任务一　化妆品类包装市场调研

任务要求

一、化妆品彩妆系列包装设计市场调研方法

1. 网络调研：通过相关网页和论坛帖子，了解有关化妆品包装设计的发展动向、趋势。

2. 实地调研：实地观察专柜、超市等不同品牌的化妆品包装设计并进行市场分析。

3. 问卷调查：实地走访，了解消费者的心理需求和大众的潮流变化。

二、化妆品彩妆系列包装设计市场调研内容

1. 从不同类别的化妆品包装设计案例中了解化妆品包装设计的发展历史，体会包装材料与工艺的变迁对于化妆品包装设计的影响。

2. 更深入地了解化妆品包装设计的分类特点以及设计要素的运用情况。

3. 从市场需求、消费群体等多方面切入，了解化妆品行业未来的发展趋势、主题特色、视觉艺术等内容。

小组协用填写表 4-3-1 化妆品包装调研内容表。

表 4-3-1　化妆品包装调研内容表

消费群体	
包装材质	
包装类别	
设计风格	

计划准备

　　国潮风设计环境下，化妆品包装设计多以"潮"的姿态迎合年轻消费者，将中国传统元素与产品巧妙结合，在弘扬历史文化的同时，助推品牌"国潮文化"的崛起之路，以重焕"国货之光"。化妆品包装有众多品牌和种类，现有的包装千篇一律，都具有各自的设计风格。根据前期准备，小组协作进行化妆品包装的市场调研，完成表 4-3-2 学生调研任务表。

表 4-3-2　学生调研任务表

项目		班级	
组长		成员	
调研时间		调研地点	
成员分工			
调研品牌			
现状分析			

任务二　化妆品类包装设计定位

任务要求

　　当非遗遇到时尚，包装设计能使商品更加形象化、生动有趣。设计师可以选择代表传统文化特色、具有国潮风特质的文化，来进行品牌形象创意。京剧是中国的非遗文化，我们可以以京剧文化作为设计元素，汇聚各种历史性的、民族性的优秀文化成果，以京剧文化为载体，对化妆品类包装设计进行再创造。视觉设计元素不是照搬，而是根据人们的审美、时代的发展结合设计的要素进行编排。在前期调研中发现，国潮风是当下比较流行的风格，我们可以尝试国潮风的化妆品类包装设计。

★　思政课堂

　　党的十九大报告指出："深入挖掘中华优秀传统文化蕴含的思想观念、人文精神、道德规范，结合时代要求继承创新，让中华文化展现出永久魅力和时代风采。"京剧作为中华优秀传统文化中的精粹，蕴藏着丰富的思想文化内涵和强大的精神力量。

商议决策

　　我们应当在文化上重新审视包装设计，使其一是有文化独特性，二是有情怀性。好的视觉形象能传达出地方文化特色，通过包装这种媒介将文化内涵转换为视觉形象。在设计时可以利用材料、工艺、包装方式等特有的文化要素，通过适当的处理，并加以应用，就能够很好地呈现出产品的产地特色。根据市场调研和设计定位，考虑好包装中的整体设计，合理地利用视觉元素进行再创造，实现产品和文化的高度融合。请你们通过小组合作完成表 4-3-3。

表 4-3-3　包装设计记录表

序号	包装设计	具体要求	备注
1	设计元素		
2	结构材质		
3	视觉装潢		
4	陈列展示		

任务实施

　　产品定位要从产品和消费群体出发，突出产品个性，实现品牌的个性化表达。根据产品性质，我们把特色与功能结合起来，即以同类产品的差异性作为设计突破点，以产品本身的独特性或以产品创新为核心，以产品特色迎合消费群体。产品的包装要立足于满足不同消费者的不同需求，根据用途、场合、消费人群的不同来设计不同档次的系列包装。

　　化妆品类的包装设计，要从品牌文化、品牌的视觉形象两大方面入手。品牌的视觉形象要素来源于品牌文化。因此，要深挖品牌文化，确定品牌文化元素，品牌形象也就应运而生了。根据前期调研，请你们小组合作填写表 4-3-4。

表 4-3-4　化妆品类包装设计定位表

序号	设计定位	具体实施	备注
1	定位产品		
2	消费人群		
3	设计风格		

任务三 化妆品类包装创意设计

任务要求

　　包装设计作为品牌的一部分，其设计定位由品牌决定。品牌不仅仅是商标上的文字或符号，而且是产品文化内涵的集中体现。因此，设计师在进行包装设计时，包装的纹样、形式都应该从品牌的观念中寻找创意出发点，不能与品牌脱节，要达到塑造包装个性、建立市场地位，从而提高品牌市场占有率的目的。因为个性和特色是包装设计的重要基石，所以将时代精神和创新精神融入其中，才能创造出具有中国神韵的优秀包装设计作品。

　　包装的图案设计能使商品更加形象化、生动有趣。视觉的图形符号是包装品牌的视觉主体图形，它可以利用具有强烈视觉冲击力的主题图画和符号图形来表达出产品的文化诉求。通过符合现代审美的设计手法将地域非遗文化元素进行再设计，从而赋予它新的内容、新的形式，使它更具有时代意义。消费者只需要看到这种视觉的图形符号，就能够加深对于产品包装的印象，并且还能够进一步强化这种记忆。

　　独特新颖的包装离不开好的色彩运用，色彩是包装设计中最重要的视觉传达元素之一，它具有美化功能、识别功能、辅助顾客选择功能等。结合项目的性质与色彩本身的属性，有时可借京剧戏剧色彩的特点来设计。

案例讨论

　　科技与艺术的碰撞，百雀羚诠释国货之光。图 4-3-1 案例是百雀羚与敦煌博物馆联合打造的以九色鹿、幼虎、孔雀翎三个传统元素为核心的专属"岩"色系列彩妆。百雀羚牵手敦煌，为我们打造大千"色"界，让我们了解敦煌的专属"岩"色。颜色再造，颜值巅峰。敦煌艺术作品常以色彩多样著称于世，色彩的搭配和过渡产生鲜明的对比，给予消费者视觉的冲

图 4-3-1　百雀羚悦色岩彩系列包装设计

图 4-3-2 百雀羚雀鸟缠
枝美什件包装设计

击。九色鹿——充满着纯真与勇敢的小仙鹿。九色鹿盘以柔和的粉红调为主，传达其纯真与勇敢，用色彩彰显出少女的活泼与可爱。幼虎——霸气与自信的象征，体现"气度非凡"的特质，以明艳的橘色为主调，旨在传达出现代女性的独立与自信。孔雀翎——不入凡世的冷艳。艺术作品中的蓝孔雀总是高竖美丽尾羽，以婆娑起舞的形象示人，尽显傲娇与力量。以冷艳的蓝紫色调为主，完美诠释了孔雀的不入凡世的态度。同时为配合眼影，百雀羚推出三款悦色岩彩绒雾唇膏，打造三种个性鲜明的妆感。大千世界，美不止一面，百雀羚和敦煌博物馆联名，赋活最初的美。

百雀羚与故宫博物院联名推出的百雀羚雀鸟缠枝美什件(见图4-3-2)，将品牌文化与中国文化结合。作为引领东方潮美的代表，百雀羚洞察消费趋势，将中国消费者的需求和关注容纳于设计之中，与消费者产生情感共鸣。

★ 思政课堂

京剧文化提倡崇德向善、爱国情怀，例如以爱国主义为题材的《杨门女将》《岳母刺字》《江姐》等京剧剧目脍炙人口。弘扬正气是中华民族的优良传统，京剧舞台上，《水浒传》善恶昭彰，三国戏义薄云天，包公戏清正廉明，塑造了许多的英雄形象与杰出品质。

• • •

任务实施

通过设计定位，探究京剧文化的设计元素，大胆构思具有人文气息的化妆品类创意包装设计，运用形式美法则展开包装的造型设计，请你们小组合作完成表4-3-5。

表 4-3-5 创意设计应用表

序号	创意设计	设计应用	备注
1	文字		
2	图形		
3	色彩		
4	编排		
5	工艺		

任务检查

请你对于整个化妆品类包装设计任务实施过程中的问题进行自我检查与评估，通过对包装的结构设计、视觉设计等多方面进行综合的讨论和认定，在对比中寻找不足与进步之处。请每组自我检查完成表4-3-6。

表 4-3-6　项目任务检查表

序号	检查项目	评估结果
1		
2		
3		

展示评价

各组代表展示本项目的包装设计作品，介绍化妆品类包装中所运用的视觉文化元素、设计理念等包装设计内容，完成表 4-3-7。

表 4-3-7　包装设计作品展示表

项目名称	
小组成员	
设计理念	
作品展示	

通过作品展示，依据本项目的具体任务和评价标准，请自己、同学、教师分别评价本次项目的学习成果，完成表 4-3-8。

表 4-3-8　项目综合评价表

序号	具体任务	评价标准	自我评价	同学评价	教师评价
1	市场调研	能够准确分析化妆品类包装设计现状(10 分)			
2	设计定位	能够结合化妆品类包装的特性定位包装产品(10 分)			
3	创意设计	能够运用素材进行创意设计，进行再创造(20 分)			
4	色彩搭配	能够进行合理的色彩搭配，突出主题(20 分)			
5	结构设计	能够选择合适的材料来表达恰当的包装结构(20 分)			
6	整体编排	能够利用形式美法则编排视觉元素(20 分)			

拓展提升

1. 收集不同风格的化妆品类包装设计，了解其设计的背景及文化要素。

2. 化妆品类包装怎么设计才能在众多包装设计中脱颖而出？

项目四 食品类包装创意设计

项目描述

　　食品类包装是商品购买、销售、存储流通领域中保证食品质量的关键，精美别致的包装，能给人以美的享受，易激发消费者的购买欲望。随着经济的迅速发展和生活质量的不断提高，人们对食品包装也提出了新的要求，食品包装要以多样化满足现代人不同层次的消费需求；无菌、方便、智能、个性化是食品包装发展的新时尚；拓展食品包装的功能、鼓励使用绿色包装已成为新时代食品包装的发展趋势。

　　食品包装日新月异，而食品包装理念也显现出新特色，独具地域特色的食品包装在地方的旅游经济和地区形象中扮演着重要的角色，这些地方特色食品与地域传统文化有着不可分割的内在联系，包装的视觉元素、色彩搭配、材质应用等方面无一不体现了地域的文化特征。好的包装设计会给消费者留下很深的印象，因此设计者在考虑设计包装形态要素的同时，还要考虑包装的视觉美感，然后再结合产品自身的特点，从而得到自然、完美的设计形象。插画设计应用在包装设计中，已成为提升吸引力的有效手段，插画能够准确传递产品信息，协调食品类包装形式与功能，多变的形式满足了多层次的消费者需求，包装设计以艺术的语言提升了品牌文化的内涵。

学习指南

1. 提升挖掘地域传统文化再创造的能力，培养学生创新实践的能力，加强学生对地域传统文化的关注，提升对民族文化的传承意识。

2. 了解食品包装设计的发展趋势、产品种类、常见的材料与工艺，掌握食品包装的设计原理及创意方法。

3. 对食品包装材料和包装技术科学合理的选择和应用能力，能够准确分析食品包装所应用的设计元素，能巧妙运用地域传统文化创新设计具有人文气息的食品包装。

项目引领

1. 你了解的食品类包装的设计风格有哪些？

2. 以地域传统文化为载体，你如何设计定位具有人文气息的食品类包装？

3. 如何使用插画风格创新设计食品类包装？

任务一 食品类包装市场调研

任务要求

一、食品类包装设计市场调研方法

1. 网络调研：通过相关网页和论坛，了解有关食品类包装设计的案例。

2. 实地调研：前往食品超市、专卖店等实地观察和比较不同品牌的食品类包装设计。

二、食品包装设计市场调研内容

1. 了解现代食品包装设计的风格特征、材质选择及实用价值。

2. 更深入地了解食品类包装设计的分类、特点、设计要素的运用情况。

3. 从市场需求、消费群体等多方面切入，了解市场上食品类包装设计的发展趋势、主题特色、视觉艺术等内容。

小组协作填写表 4-4-1 食品类包装调研内容表。

表 4-4-1　食品类包装调研内容表

消费群体	
包装材质	
包装类别	
设计风格	

计划准备

　　食品类包装有众多品牌和种类，都具有各自的设计风格。根据前期准备，请你们以小组协作的方式进行食品类包装的市场调研，完成表 4-4-2。

表 4-4-2　学生调研任务表

项目		班级	
组长		成员	
调研时间		调研地点	
成员分工			
调研品牌			
现状分析			

任务二　食品类包装设计定位

任务要求

　　文旅融合的发展推动旅游产品的开发，使地域传统文化元素逐渐融入到旅游食品类包装设计中。因此，探究食品类包装设计在神韵、设计基本形、包装结构以及色彩中如何融入当地特色文化成为设计师面临的新挑战。好的包装胜过好的推销员，好的插画形象能瞬间吸引消费者的注意力，所以要准确定位包装产品，才能更好地展开设计，提升包装设计的创意空间。

一、产地定位

　　地方特色产品要能很好将产品和文化结合起来，在食品包装设计中可以利用当地特有的一些材料、工艺、包装方式等，以体现地方特有的文化，通过适当的处理并加以应用，能够更好地呈现出产品的地方文化特色。

二、人群定位

　　地方特产能对旅游者产生极大的吸引力，特色食品更是代表了一个旅游地的饮食文化特色。特产包装设计以更近距离的方式展现当地特色，从弘扬文化到追求情怀，现代包装朝着更人性化的方向发展。

三、风格定位

　　插画是一种独特的设计类型，它有着鲜明的审美特征和多样的表现形式，将插画应用在食品包装设计中，不仅能够有效丰富食品包装设计的内容，而且可以赋予产品一定的文化内涵，有效提升产品的审美价值、文化价值、商业价值。

商议决策

　　我国自古就流传着"南甜北咸、东辣西酸"的说法，多样的饮食口味成就了多样的地方小吃，如北京烤鸭、天津麻花、南京桂花鸭、武汉热干面等，这些地方特色食品带有浓厚的地域传统文化特征，包装设计中要深入思考和挖掘地域传统文化的特征，并且将这些特征以视觉化的方式呈现出来。我们可以从包装设计必须思考的形象元素、包装色彩、包装材质、组合包装四大方面进行构思，以体现地域传统文化的特征。根据市场调研和设计定位，我们要整体考虑特产食品包装中的设计，要合理地利用地域传统文化对包装设计进行再创造，实现产品和文化的高度融合，另外，也要考虑不同的消费者的偏好来选择不同的包装结构与材质，使包装更加安全方便、绿色环保。请通过小组商议，完成表 4-4-3。

表 4-4-3　包装设计记录表

序号	包装设计	具体要求	备注
1	设计元素		
2	结构材质		
3	视觉装潢		
4	陈列展示		

任务实施

　　食品类包装首先要给人们带来一种美好的视觉体验，地方特色食品包装设计中体现地域传统文化特征能够为食品赋予特定的文化内涵，能够提升地方特色食品的档次和品位，使地方特色食品呈现出历史感，容易让消费者信赖产品。根据前期调研，小组合作填写表 4-4-4。

表 4-4-4　食品类包装设计定位表

序号	设计定位	具体实施	备注
1	地方特产		
2	消费人群		
3	设计风格		

任务三　食品类包装创意设计

任务要求

食品类包装中融入地域传统文化的元素，可以满足消费者对文化的需求，还可以带给消费者生活和精神上的愉悦感。地方特产食品包装不仅具有代入性和互动性，而且具有现代感和未来性，为旅游人群带来了更多的体验与乐趣。

食品类包装设计中的文字要做到简洁、生动、形象，就要赋予其强烈的视觉形式感和高度艺术性，使之易于识别和记忆，从而具有高度的概括力。食品类包装设计中的图形不仅要体现食品的特性，而且要令人产生亲切感，要与消费者有情感互动；食品类包装设计中的色彩要顺应时代潮流，具有视觉冲击力；食品类包装设计中的编排具有变化和统一性；食品类包装设计中的工艺符合环保的标准，达到精美的要求。

我们来欣赏两个案例。第一个案例设计是为山西老陈醋所做的品牌包装设计（见图4-4-1），品牌名称为"醋晋儿"取谐音"醋劲儿"。山西人选取了闻名全国的山西老陈醋为品牌载体进行宣传，想要使消费者在品尝山西老陈醋的同时领略山西文化。包装整体设计以绘制有山西风景、人物、食物等特色的插画为主，体现山西的风土人情和地域特色，使传统与现代相融合。插画中将代表山西文化的历史遗迹、文化传统等进行穿插应用，最终绘制成一幅以一条历史发展之路为中心，各种山西元素分列左右，并最终回归家庭的包装插画。

图 4-4-1　山西老陈醋包装图例

第二个案例设计为贵州灰豆腐包装设计（见图4-4-2）。包装的盒型结构设计充分考虑产品自身的特色、消费者的购买习惯等因素，以人文关怀为前提，注重循环利用，在满足保护产品、方便使用等基本功能设计的基础

图 4-4-2　贵州灰豆腐包装图例

上增加包装的展示性以及与消费者的互动体验，使产品深入人心。民族文化与包装设计融合，为土家族农产品的发展提供了更好的方向，有利于推动当地乡村经济的发展，促进土家族文化的发展与交流。

★ 思政课堂

　　"产业兴旺、生态宜居、乡风文明、治理有效、生活富裕"是乡村振兴战略的总要求。农村经济主要来源于农产品的销售，农产品的包装在农产品的价值提升中起到了重要的作用。因此，在"乡村振兴"的大背景下优化地方特色农产品的包装，非常具有现实意义。

任务实施

　　通过设计定位，探究地域传统文化的设计元素，大胆构思，设计具有人文气息的食品类创意包装，运用形式美法则展开包装的造型设计，请你们小组合作完成表4-4-5。

表4-4-5　创意设计应用表

序号	创意设计	设计应用	备注
1	文字		
2	图形		
3	色彩		
4	编排		
5	工艺		

任务检查

　　食品类包装设计中，请你对于整个任务实施过程中的问题进行自我检查与评估，通过对包装的结构设计、视觉设计等多方面进行综合的讨论和认定，在对比中寻找不足与进步之处。请每组自我检查完成表4-4-6。

表4-4-6　项目任务检查表

序号	检查项目	评估结果
1		
2		
3		

展示评价

　　各组代表展示本项目的包装设计作品，介绍食品类包装中所运用的地域传统文化元素、设计理念等包装设计内容，完成表4-4-7。

表 4-4-7 包装设计作品展示表

项目名称	
小组成员	
设计理念	
作品展示	

通过作品展示，依据本项目的具体任务和评价标准，请自己、同学、教师分别评价本次项目的学习成果，完成表 4-4-8。

表 4-4-8 项目综合评价表

序号	具体任务	评价标准	自我评价	同学评价	教师评价
1	市场调研	能够准确分析食品类包装设计现状(10 分)			
2	设计定位	能够结合食品类包装的特性定位包装产品(10 分)			
3	创意设计	能够运用素材进行创意设计，进行再创造(20 分)			
4	色彩搭配	能够进行合理的色彩搭配，突出主题(20 分)			
5	结构设计	能够选择合适的材料来表达恰当的包装结构(20 分)			
6	整体编排	能够利用形式美法则编排视觉元素(20 分)			

拓展提升

1. 搜集地域传统文化的包装产品，了解其设计的背景及文化。

2. 挖掘更多的地方特色文化，将其中的文化元素巧妙地运用到食品类包装设计中。